AF325690

NOUVEAU SPECTACLE

DE LA NATURE

ou

DIEU ET SES OEUVRES

DE L'IMPRIMERIE DE CRAPELET,

RUE DE VAUGIRARD, 9

Nouveau Spectacle

DE LA NATURE

OU

DIEU ET SES OEUVRES

PAR MM.

VICTOR ET AMBROISE RENDU FILS

Les œuvres du Seigneur sont grandes.
PS. VERS. 2.

OISEAUX

PARIS

LANGLOIS ET LECLERCQ

RUE DE LA HARPE, 99

CHAPITRE PRÉLIMINAIRE.

Parmi tous les êtres qui vivent sur la surface de la terre, il en est beaucoup pour lesquels nous n'avons que de la crainte, du dégoût ou de l'indifférence. Ces sentiments, quoiqu'ils ne soient pas fondés ordinairement, existent généralement parmi nous. Pourquoi, au contraire, presque toutes les espèces d'une classe privilégiée, celle des oiseaux, ont-elles pour nous un charme, un attrait tout particulier? Est-ce parce que la vie errante et aérienne des oiseaux plaît à notre imagination? Est-ce parce que leur vivacité, leur gaîté, animent toutes les solitudes, parce que leur voix mélodieuse enchante nos oreilles, parce que leurs accents si purs et si doux paraissent un hymne de reconnaissance et d'amour qui s'élève vers le Créateur? Est-ce enfin parce que notre esprit admire ce merveilleux instinct qui sait trouver et suivre une route certaine dans les plaines de l'air, qui soutient et conduit les races voyageuses dans leurs périodiques migrations? Il nous semble qu'il y a dans la vie des oiseaux quelque chose de plus touchant, de plus admirable encore. C'est qu'ils nous présentent sans cesse des exemples délicieux du plus doux, du plus beau de tous les sentiments que Dieu ait accordés aux créatures sans intelligence : le sentiment de l'amour maternel.

Le printemps est revenu réchauffer la terre de ses tièdes haleines, relever la tige flétrie des plantes, reverdir les arbres dépouillés, entr'ouvrir les calices des fleurs. Quelle est cette agitation extraordinaire que l'on remarque tout à coup parmi les oiseaux ? Réunis deux à deux, ils se livrent avec ardeur à une occupation nouvelle ; tous construisent, avec l'art que leur a donné la Providence, la demeure où ils placeront et élèveront leurs petits. Les uns bâtissent solidement, au sommet des arbres, un nid capable de résister à toutes les injures de l'air ; les autres suspendent à l'extrémité des branches un léger berceau que balanceront les vents ; les plus petits cachent un nid de mousse dans des buissons touffus, où ils échapperont à tous les regards : tout est disposé pour la sûreté, pour la commodité des petits êtres qui vont y recevoir le jour. La mère a pondu ses œufs ; assidue, attentive, elle les réchauffe nuit et jour, les quittant à peine le temps nécessaire pour prendre à la hâte une légère nourriture. Le mâle est près d'elle, disposé à la défendre, ou occupé à l'égayer de ses plus douces chansons. Cependant les jeunes oiseaux se sont développés dans la coquille qui les protége ; ils brisent leur prison : ce sont alors pour le père et la mère de nouveaux soins, une nouvelle sollicitude. Tous deux vont dans la campagne chercher tour à tour la nourriture qui convient à leurs petits; ce n'est plus pour eux qu'ils recueillent les graines, les insectes, les fruits; à peine ils s'en réservent quelque partie; la vie des petits êtres qu'ils ont produits leur est devenue plus chère que la leur. Ce n'est pas la seule métamorphose qu'ait opérée en eux la Providence. Voyez ces timides oiseaux qu'un rien effrayait, que le moindre danger mettait en fuite : quelque ennemi vient-il à menacer leurs petits, les voici qui s'élancent avec intrépidité à leur défense. L'assaillant trouve une résistance imprévue, et souvent, las de soutenir une lutte acharnée, il ira chercher une proie plus facile.

Si une force supérieure l'emporte cependant, quelle n'est pas la douleur des pauvres oiseaux privés des tendres objets de leur amour et de leurs soins. Longtemps ils les suivent, les appellent de leurs cris plaintifs; on en a vu bien souvent se laisser enfermer dans la même prison que leurs petits, pour leur donner jusqu'au bout les aliments nécessaires.

Quand même ils parviennent à dérober leur nid aux recherches de tous les ennemis de leur jeune famille, leur tâche n'en est pas moins une rude et pénible tâche. Il est facile de juger par leur aspect, des fatigues que leur cause l'éducation de leurs petits; leur parure si brillante au premier printemps se flétrit peu à peu, leurs mouvements sont brusques et inquiets, leur corps s'amaigrit; les femelles surtout semblent avoir un air de souffrance; souvent elles ont perdu une grande partie de leurs plumes; elles les ont arrachées pour couvrir, pour réchauffer leurs petits.

Tant de soins, tant de tendresse ne seront pas perdus ; les petits, conduits et nourris par leurs parents, sont bientôt capables de les suivre dans les airs ; ils s'exercent à voler autour d'eux, encouragés par leur exemple, et ne se sépareront que pour être bientôt eux-mêmes les chefs de nouvelles familles. L'œuvre de la Providence est accomplie.

Les naturalistes ont divisé la classe des oiseaux en six ordres, d'après des caractères empruntés principalement à la conformation du bec et des pattes. Ce sont : les Rapaces, ou oiseaux de proie, les Passereaux, les Grimpeurs, les Gallinacés, les Echassiers et les Palmipèdes.

(1) Une grande partie de ce volume est extraite de Buffon, de Guénault de Montbeliard.

CHAPITRE PREMIER.

LES OISEAUX DE PROIE OU RAPACES.

Les oiseaux de cet ordre ont tous pour habitude commune et naturelle le goût de la chasse et l'appétit de la proie, le vol très élevé, l'aile et la jambe fortes, la vue très perçante, le bec fortement recourbé vers la pointe ou même dès la base, les ongles crochus, et les intestins moins amples que les autres oiseaux. Ils habitent de préférence les lieux solitaires, les montagnes désertes, et font communément leurs nids dans les trous des rochers ou sur les arbres les plus élevés. Par une singularité dont il est difficile de donner la raison, les mâles des oiseaux de proie sont d'environ un tiers moins grands et moins forts que les femelles ; celles-ci, à leur tour, sont moins fécondes que les autres oiseaux : la plupart ne pondent qu'un petit nombre d'œufs. Les oiseaux de proie se réunissent rarement les uns avec les autres ; ils mènent, comme les voleurs, une vie errante et solitaire. A cet ordre appartiennent, entre autres espèces, les Aigles, les Vautours, le Faucon, l'Autour, l'Effraye et le Hibou.

OISEAUX DE PROIE DIURNES.

LES VAUTOURS.

Les Vautours n'ont que l'instinct de la basse gourmandise et de la voracité ; ils ne combattent guère les vivants, que quand ils ne peuvent s'as-

FIGURE 1.

Les Vautours.

souvir sur les morts. Pour peu qu'ils prévoient de résistance, ils se réunissent en troupes comme de lâches assassins et s'acharnent sur les cadavres, au point de les déchiqueter jusqu'aux os : la corruption, l'infection les attirent au lieu de les repousser ; leur odorat est si subtil, qu'ils éventent les charognes à une distance incroyable. L'espèce la plus connue en France est le vautour-griffon. Cet oiseau, remarquable par sa tête et son cou presque entièrement nus, a près de huit pieds d'envergure ; un collier de plumes blanches orne le bas de son cou. Il fait son nid au sommet des plus hautes montagnes, et se tient de préférence dans ces parages pendant toute la belle saison ; aux approches de l'hiver, il descend dans les vallées.

L'AIGLE.

La figure de l'Aigle répond à son naturel. Indépendamment de ses armes, il a le corps robuste et compact, les jambes et les ailes très fortes, les os fermes, la chair dure, les plumes rudes, l'attitude fière et droite, les mouvements brusques et le vol très rapide. C'est de tous les oiseaux celui qui s'élève le plus haut. Il a l'œil vif et perçant, mais il n'a que peu d'odorat en comparaison du vautour ; il ne chasse donc qu'à vue, et lorsqu'il a saisi sa proie, il rabat son vol comme pour en éprouver le poids, et la pose à terre avant de l'emporter.

Son nid, appelé aire, est tout plat et non pas creux comme celui des autres oiseaux ; il le place ordinairement entre deux rochers, dans un lieu sec

et inaccessible. Il est construit à peu près comme
un plancher, avec de petites perches ou bâtons de
cinq à six pieds de longueur, appuyés par les deux
bouts, et traversés par des branches souples, recouvertes de plusieurs lits de joncs et de bruyères. Ce

FIGURE 2.

L'Aigle.

plancher ou ce nid est large de plusieurs pieds, et
assez ferme, non seulement pour soutenir l'aigle,
sa femelle et ses petits, mais pour supporter encore
le poids d'une grande quantité de vivres; il n'est pas
couvert par le haut, et n'est abrité que par l'avan-

cement des parties supérieures du rocher ; la femelle dépose ses œufs dans le milieu de cette aire : elle n'en pond que deux ou trois.

Les aiglons n'ont pas les couleurs du plumage aussi fortes que quand ils sont adultes ; ils sont d'abord blancs, ensuite d'un jaune pâle, et deviennent enfin d'un jaune assez vif.

Dans l'état de nature, l'aigle ne chasse seul que dans le temps où la femelle ne peut quitter ses œufs ou ses petits ; dans toutes les autres époques de l'année, le mâle et la femelle paraissent s'entendre pour la chasse : on les voit presque toujours ensemble, ou du moins à peu de distance l'un de l'autre. Ils s'élèvent souvent à une hauteur si grande qu'on les perd de vue, et malgré cet éloignement, leur voix se fait encore entendre très distinctement.

L'espèce d'aigle la plus répandue en France, est l'aigle commun ; il habite les pays de montagnes.

LE FAUCON.

Cet oiseau, de la grosseur d'une poule, se reconnaît à ses ailes, qui atteignent jusqu'à l'extrémité de sa queue, et à la moustache noire et triangulaire qu'il porte sur la joue. Le faucon est peut-être l'oiseau dont le courage est le plus franc, le plus grand relativement à ses forces ; il fond sans détours et perpendiculairement sur sa proie, au lieu que l'autour et la plupart des autres oiseaux de proie arrivent de côté ; aussi, prend-on l'autour

2

avec des filets dans lesquels le faucon ne s'empêtre jamais. Il tombe à plomb sur l'oiseau victime, exposé au milieu de l'enceinte de filets, le tue, le mange sur le lieu s'il est gros, ou l'emporte s'il n'est pas trop lourd, en se relevant à plomb. S'il y a quelque faisanderie dans son voisinage, il choisit cette proie de préférence ; on le voit tout à coup fondre sur un troupeau de faisans, comme s'il tombait des nues, parce qu'il arrive de si haut et en si peu de temps, que son apparition est toujours imprévue. On le voit fréquemment attaquer le milan, soit pour exercer son courage, soit pour lui enlever une proie ; mais il ne lui fait pas vraiment la guerre ; il le traite comme un lâche, le chasse, le frappe avec dédain, et ne le met point à mort. Cet oiseau est assez commun en Europe ; il habite les rochers et les montagnes, et n'en descend que pour chercher sa proie. Il niche dans les fentes des rochers les plus escarpés, et pond trois ou quatre œufs d'un jaune rougeâtre tacheté de brun. On sait combien les faucons étaient recherchés autrefois, pour la facilité avec laquelle ils se laissaient dresser à la chasse.

LA CRESSERELLE.

La Cresserelle est l'oiseau de proie le plus commun dans certaines parties de la France, notamment en Bourgogne. Il n'y a point d'ancien château ou de tour abandonnée qu'elle n'habite ; c'est surtout le matin et le soir qu'on la voit rôder autour

de ces vieux bâtiments, et on l'entend encore
plus souvent qu'on ne la voit ; elle a un cri préci-
pité, *pli*, *pli*, *pli*, ou *pri*, *pri*, *pri*, qu'elle ne
cesse de répéter en volant, et qui effraie tous les
petits oiseaux, sur lesquels elle fond comme une
flèche, et qu'elle saisit avec ses serres; si par hasard
elle les manque du premier coup, elle les poursuit, sans crainte du danger, jusque dans les mai-
sons. Lorsqu'elle a saisi et emporté un oiseau, elle
le plume très proprement avant de le manger. Elle
ne prend pas tant de peine pour les souris et les mulots : elle avale les plus petits tout entiers et dépèce
les autres. Toutes les parties molles du corps de la
souris se digèrent dans l'estomac de cet oiseau, mais
la peau se roule et forme une petite pelote qu'il rend
par le bec. En mettant ces pelotes qu'il vomit, dans
l'eau chaude, pour les ramollir et les étendre, on
retrouve la peau entière de la souris, comme si on
l'eût écorchée. Les ducs, les chouettes, les buses,
rendent de pareilles pelotes dans lesquelles, outre
la peau roulée, il se trouve parfois des portions les
plus dures des os ; il en est de même des oiseaux
pêcheurs : les arêtes et les écailles des poissons se
roulent dans leur estomac, et ils les rejettent par
le bec.

La cresserelle est un assez bel oiseau ; elle a
l'œil vif et la vue très perçante, le vol aisé et soutenu ; elle est diligente et courageuse. La femelle
est plus grande que le mâle, et elle en diffère en
ce qu'elle a la tête rousse, et qu'en même temps
toutes les plumes de la queue sont d'un brun roux
plus ou moins foncé, au lieu que dans le mâle la
tête et la queue sont grises.

Quoique cet oiseau fréquente habituellement les vieux bâtiments, il y niche plus rarement que dans les bois, et lorsqu'il ne dépose pas ses œufs dans des trous de murailles ou d'arbres creux, il fait une espèce de nid très négligé, composé de bûchettes et de racines, et assez semblable à celui des geais, sur les arbres les plus élevés des forêts; quelquefois il occupe aussi les nids que les corneilles ont abandonnés; il pond ordinairement cinq œufs, dont les deux bouts sont teints d'une couleur rougeâtre ou jaunâtre, assez semblable à celle de son plumage. Les petits, dans le premier âge, ne sont couverts que d'un duvet blanc; d'abord il les nourrit avec des insectes, et ensuite il leur apporte des mulots, qu'il aperçoit sur terre du plus haut des airs, où il tourne lentement, et demeure souvent stationnaire pour épier son gibier, sur lequel il fond en un instant. Il enlève quelquefois une perdrix rouge beaucoup plus pesante que lui; souvent aussi, il prend des pigeons qui s'écartent de leur compagnie; mais les moineaux, les pinsons et les autres petits oiseaux, sont sa proie la plus ordinaire, après les mulots et les reptiles. Comme la Cresserelle est plus féconde que la plupart des oiseaux de proie, l'espèce en est plus nombreuse et plus répandue; on la trouve dans toute l'Europe.

LE MILAN.

Le Milan est le plus facile à distinguer de tous les oiseaux de proie, par sa queue bifurquée, caractère qu'il doit aux plumes du milieu de cette queue, qui, étant beaucoup plus courtes que les autres, laissent paraître un intervalle qui s'aperçoit de loin. Il passe sa vie dans l'air ; il ne se repose presque jamais, et parcourt chaque jour des espaces immenses. Ce grand mouvement n'est pas un exercice de chasse, ni de poursuite de proie, ni même de découverte, car il ne chasse pas ; mais il semble que le vol soit son état naturel, sa situation favorite. L'on ne peut s'empêcher d'admirer la manière dont il l'exécute ; ses ailes longues et étroites paraissent immobiles ; c'est la queue qui semble diriger toutes ses évolutions, et elle agit sans cesse ; il s'élève sans efforts, il s'abaisse comme s'il glissait sur un plan incliné ; il semble plutôt nager que voler ; il précipite sa course, il la ralentit, s'arrête, et reste suspendu ou fixé à la même place pendant des heures entières, sans qu'on puisse s'apercevoir d'aucun mouvement dans ses ailes. Autrefois les princes et les grands prenaient plaisir à lui faire donner la chasse et livrer combat par le faucon et l'épervier. Cet oiseau lâche, quoique doué de toutes les facultés qui devraient lui donner du courage, ne manquant ni d'armes, ni de force, ni de légèreté, refuse le combat, et fuit devant l'épervier beaucoup plus petit que lui, toujours en tournoyant et s'élevant, comme pour se cacher dans les nues, jusqu'à ce que celui-ci l'atteigne, le rabatte à coup d'ailes, de serres et de bec, et le ramène à terre moins blessé que battu, et plus vaincu par la peur que par la force de son ennemi.

Le milan, dont le corps entier ne pèse guère

qu'un kilogramme et demi, qui n'a que 45 centim. de longueur, a néanmoins plus d'un mètre et demi de vol ou d'envergure. Sa vue est aussi perçante que son vol est rapide; il se tient souvent à une si grande hauteur qu'il échappe à nos yeux, et c'est de là qu'il découvre sa proie ou sa pâture, et se laisse tomber sur tout ce qu'il peut dévorer ou enlever sans résistance. Il n'attaque que les plus petits animaux et les oiseaux les plus faibles; c'est surtout aux jeunes poussins qu'il en veut, mais la seule colère de la mère poule suffit pour le repousser et l'éloigner.

Le milan est commun en France, surtout dans la Franche-Comté, le Dauphiné, le Bugey, l'Auvergne et les autres contrées qui avoisinent les montagnes.

LA BUSE.

Cet oiseau demeure pendant toute l'année dans nos forêts. Il paraît assez stupide; il est sédentaire et même paresseux; il reste souvent plusieurs heures de suite perché sur le même arbre. Son nid est construit avec de petites branches, et garni en dedans de laine ou d'autres petits matériaux légers et mollets. La buse pond deux ou trois œufs qui sont blanchâtres, tachetés de jaune; elle élève et soigne ses petits plus longtemps que les autres oiseaux de proie qui, presque tous, les chassent du nid avant qu'ils soient en état de se pourvoir aisément.

La buse ne saisit pas sa proie au vol, elle reste

sur un arbre, un buisson ou une motte de terre, et de là se jette sur tout le petit gibier qui passe à sa portée; elle prend les levreaux et les jeunes lapins, aussi bien que les perdrix et les cailles; elle dévaste les nids de la plupart des oiseaux; elle se nourrit aussi de grenouilles, de lézards, de serpents, de sauterelles, lorsque le gibier lui manque.

OISEAUX DE PROIE NOCTURNES.

LE GRAND-DUC.

On distingue aisément le Grand-Duc à sa grosse figure, à son énorme tête, aux larges et profondes cavernes de ses oreilles, aux deux aigrettes qui surmontent sa tête, et qui sont élevées de plus de deux pouces et demi; à son bec court, noir et crochu, à ses grands yeux fixes et transparents, à ses larges prunelles noires et enveloppées d'un cercle de couleur orangée; à sa face entourée de poils ou plutôt de petites plumes blanches et décomposées, qui aboutissent à une circonférence d'autres petites plumes frisées; à ses ongles noirs, très-forts et très-crochus, à son cou très-court, à son plumage d'un roux-brun, taché de noir et de jaune; à ses pieds couverts d'un duvet épais et de plumes roussâtres jusqu'aux ongles; enfin, à son cri effrayant *huihou, houhou, bouhou, pouhou,* qu'il fait retentir dans le silence de la nuit, lorsque tous les autres animaux se taisent ; c'est alors qu'il les éveille, les inquiète, les poursuit et les enlève, ou les met à mort pour les dépecer et les emporter dans les cavernes qui lui servent de retraite : aussi n'habite-t-il que les rochers ou les vieilles tours abandonnées et situées au-dessus des montagnes ; il descend rarement dans les plaines, et ne se perche pas volontiers sur les arbres, mais sur les églises écartées et sur les vieux châteaux. Les jeunes lièvres et les lapins sont sa chasse la plus ordinaire, ainsi que les taupes, les mulots et les souris qu'il avale tout entiers, et dont il digère la substance charnue, vomit le poil, les os et la peau en pelotes arrondies ; il mange aussi les chauves-souris, les serpents, les lézards, les crapauds, les grenouilles, et en nourrit ses petits : il chasse avec tant d'activité que son nid regorge de provisions ; il en rassemble plus qu'aucun autre oiseau de proie.

Cette espèce n'est pas aussi nombreuse en France que celle des autres oiseaux de proie nocturnes. Les grands-ducs y nichent quelquefois sur des arbres creux, et plus souvent dans des cavernes de rochers ou dans des trous de hautes et vieilles murailles. Leur nid a près de trois pieds de diamètre, il est composé de petites branches de bois sec entrelacées de racines souples, et garni de feuilles en dedans : on ne trouve souvent qu'un œuf ou deux dans le nid, et rarement trois. Les petits sont très voraces : dès qu'ils ont acquis tout leur développement, ils volent et chassent avec beaucoup plus de légèreté que leur grosse corpulence ne paraît le permettre ; souvent ils se battent avec les buses, et sont ordinairement les plus forts et les maîtres de la proie qu'ils leur enlèvent ; ils supportent plus aisément la lumière du jour que les autres oiseaux de nuit, car ils sortent de meilleure heure le soir, et rentrent plus tard le matin.

LE MOYEN-DUC.

Cette espèce est commune et beaucoup plus nombreuse dans nos climats que celle du Grand-Duc, qu'on n'y rencontre que rarement en hiver, au lieu que le Moyen-Duc y reste toute l'année et se trouve même plus aisément en hiver qu'en été. Il habite ordinairement dans les anciens bâtiments ruinés, dans les cavernes des rochers, dans le creux des vieux arbres, dans les forêts ou les montagnes, et ne descend guère dans les plaines ; lorsque d'autres oiseaux l'attaquent, il se sert très bien et des griffes et du bec ; il se retourne aussi sur le dos pour se défendre, quand il est assailli par un ennemi trop fort.

LE PETIT-DUC.

Le Petit-Duc, beaucoup moins gros que les deux espèces qui précèdent, se reconnaît au premier coup d'œil à ses aigrettes, qui n'ont pas plus d'un demi-pouce de hauteur et ne sont composées que d'une plume. Ces oiseaux se réunissent par troupes, en automne et au printemps, pour passer dans d'autres climats ; il n'en reste que très peu ou point du tout en hiver dans nos départements ; on les voit partir après les hirondelles, et arriver à peu près en même temps. Quoiqu'ils habitent de préférence les terrains élevés, ils se rassemblent volontiers dans ceux où les mulots se sont le plus multipliés, et y font un grand bien par la destruction de ces animaux, qui, dans certaines années, pullulent à un tel point, qu'ils dévorent toutes les graines et toutes les racines des plantes les plus nécessaires à la nourriture et à l'usage de l'homme : on a vu quelquefois dans les temps de cette espèce de fléau, les Petits-Ducs arriver en nombre, et faire si bonne guerre aux mulots, qu'en peu de jours ils en purgeaient la terre. Au reste, quoiqu'ils voyagent par troupes, ils sont assez rares partout et difficiles à prendre.

LA HULOTTE.

La Hulotte, désignée généralement sous les noms de Chat-huant, de Chouette des bois, a le bec d'un blanc-jaunâtre ou verdâtre, le dessus du corps couleur de gris de fer foncé, marqué de taches noires et de taches blanchâtres, le dessous du corps blanc, croisé de bandes transversales et longitudinales, et les jambes couvertes, jusqu'à l'origine des doigts, de plumes blanches tachetées de points noirs. Elle vole légèrement, sans faire de bruit avec ses ailes, et toujours de côté comme toutes les autres chouettes.

La hulotte se tient pendant l'été dans les bois, toujours dans les arbres creux ; quelquefois elle s'approche en hiver de nos habitations ; elle chasse et prend les petits oiseaux, et plus encore les mulots et les campagnols. Lorsque la chasse de la campagne ne lui produit rien, elle vient dans les granges pour y chercher des souris et des rats ; elle retourne au bois de grand matin, à l'heure de la rentrée des lièvres, elle se fourre dans les taillis les plus épais, ou sur les arbres les plus feuillus, et y passe tout le jour sans changer de lieu. Dans la mauvaise

FIGURE 3.

La Hulotte.

saison, elle demeure dans des arbres creux pendant le jour, et n'en sort que la nuit. Elle pond dans des nids étrangers, surtout dans ceux des buses, des cresserelles, des corneilles et des pies ; elle fait ordinairement quatre œufs d'un gris sale, de forme arrondie, et à peu près aussi gros que ceux d'une petite poule.

L'EFFRAIE.

Cette espèce effraie, en effet, par ses soufflements *ché, chei, cheu, chou*, ses cris âcres et lugubres, *grei, gre, crei*, et sa voix entrecoupée, qu'elle fait souvent retentir dans le silence de la nuit.

Elle est, pour ainsi dire, domestique, et habite au milieu des villes les mieux peuplées; les tours, les clochers, les toits des églises et des autres bâtiments élevés lui servent de retraite pendant le jour, et elle en sort à l'heure du crépuscule. Son soufflement, qu'elle réitère sans cesse, ressemble à celui d'un homme qui dort la bouche ouverte; elle pousse aussi en volant et en se reposant différents sons aigres, tous si désagréables, que cela, joint à l'idée du voisinage des cimetières et des églises, et encore à l'obscurité de la nuit, inspire de l'horreur et de la crainte aux enfants et aux personnes qui ont encore la faiblesse de croire aux sorciers, aux revenants, etc. Ils regardent l'Effraie comme l'oiseau funèbre, comme le messager de la mort.

L'Effraie est très-commune dans presque toute l'Europe. Elle dépose ses œufs, à cru, dans des trous de muraille, ou sur des solives sous les toits, et aussi dans des creux d'arbres: elle n'y met ni herbes ni racines ni feuilles pour les recevoir; elle pond de très bonne heure au printemps, c'est-à-dire dès la fin de mars ou le commencement d'avril; elle fait ordinairement cinq œufs, et quelquefois six et même sept, d'une forme allongée et de couleur blanchâtre. Elle nourrit ses petits d'insectes et de morceaux de chair de souris; ils sont tout blancs dans le premier âge.

Dans la belle saison, la plupart de ces oiseaux vont le soir dans les bois voisins; mais ils reviennent tous les matins à leur retraite ordinaire où ils dorment jusqu'aux heures du soir, et quand la nuit arrive, ils se laissent tomber de leur trou et volent en culbutant presque jusqu'à terre. Lorsque le froid est rigoureux, on les trouve quelquefois cinq ou six dans le même trou, ou cachés dans les fourrages; ils y cherchent l'abri, l'air tempéré et la nourriture; les souris sont en effet alors en plus grand nombre dans les granges que dans tout autre temps; en automne, les effraies vont souvent visiter pendant la nuit, les lieux où l'on a tendu des lacets pour prendre des bécasses et des grives; elles tuent les bécasses qu'elles trouvent suspendues, et les mangent sur le lieu; mais elles emportent quelquefois les grives et les autres petits oiseaux qui sont pris aux lacets: elles les avalent souvent entiers et avec la plume, mais elles déplument ordinairement, avant de les manger, ceux qui sont un peu plus gros. Ces dernières habitudes, aussi bien que celle de voler de travers, c'est-à-dire comme si le vent les emportait, et sans faire aucun bruit des ailes, sont communes à la plupart des oiseaux de proie nocturnes.

LA PETITE CHEVÊCHE.

La petite Chevêche est à peu près de la taille du Petit-Duc, mais l'absence d'aigrette ne permet pas de la confondre avec cette dernière espèce. Elle a un cri ordinaire *poupou*, *poupou*, qu'elle pousse et répète en volant, et un autre cri, *aime, hesne, esme*, répété plusieurs fois de suite, qu'elle ne fait entendre que quand elle est posée. Elle se tient rarement dans les bois, son domicile ordinaire est dans les masures écartées, dans les carrières, dans les ruines des anciens édifices abandonnés ; elle ne s'établit pas dans les arbres creux ; elle voit pendant le jour, beaucoup mieux que les autres oiseaux nocturnes, et souvent elle s'exerce à la chasse des hirondelles et des autres petits oiseaux, quoique assez infructueusement, car il est rare qu'elle en prenne ; elle réussit mieux avec les souris et les petits mulots, qu'elle ne peut avaler entiers, et qu'elle déchire avec le bec et les ongles ; elle plume aussi très proprement les oiseaux avant de les manger. La petite chevêche pond cinq œufs tachetés de blanc et de jaunâtre, et fait son nid presque à cru dans les trous de rochers ou de vieilles murailles.

CHAPITRE II.

LES PASSEREAUX.

L'ordre des passereaux, le plus nombreux de toute la classe des oiseaux, se compose d'espèces de petite ou de moyenne taille, qui diffèrent beaucoup entre elles par le régime, et par la forme du bec, mais qui ont toutes un air de famille, auquel on ne peut se méprendre. Les passereaux ont, en général, les formes sveltes, les ailes de moyenne dimension, les jambes courtes, les doigts faibles et le bec ordinairement droit ou simplement arqué. Presque tous vivent en société ; un grand nombre se nourrissent de graines et de fruits ; ceux qui ont le bec effilé préfèrent les insectes, quelques uns chassent les petits oiseaux, et font ainsi le passage des oiseaux de proie aux passereaux.

LA PIE-GRIÈCHE GRISE, LA PIE-GRIÈCHE ROUSSE ET L'ÉCORCHEUR.

La pie-grièche grise reste en tout temps dans nos climats ; elle habite les bois et les montagnes en été, et vient dans les plaines et près des habitations en hiver ; elle fait son nid sur les arbres les plus élevés des bois. Ce nid est composé au dehors de mousse blanche entrelacée d'herbes longues, et au dedans il est bien doublé et tapissé de laine ; ordinairement il est appuyé sur une branche à double et triple fourche ; la femelle, d'une teinte plus claire que le mâle, pond ordinairement cinq ou six œufs ; elle nourrit ses petits de chenilles et d'autres insectes dans les premiers jours, et bientôt elle leur

FIGURE 4.

La Pie-Grièche.

fait manger de petits morceaux de viande, que leur père leur apporte avec un soin et une diligence admirables. Bien différente des oiseaux de proie qui chassent leurs petits, avant qu'ils soient en état de se pourvoir d'eux-mêmes, la pie-grièche garde et soigne les siens tout le temps du premier âge, et quand ils sont adultes, elle les protége encore. La famille ne se sépare pas ; on les voit voler ensemble peudant l'automne entier, et encore en hiver sans qu'ils se réunissent en grandes troupes. Chaque famille fait une petite bande à part, ordinairement composée du père, de la mère et de cinq ou six petits, qui tous prennent un intérêt commun à ce qui leur arrive, vivent en paix et chassent de concert, jusqu'à ce qu'un sentiment plus fort détruise les liens de cet attachement, et enlève les enfants à leurs parents : la famille ancienne ne se sépare que pour en former de nouvelles.

Il est aisé de reconnaître les pies-grièches de loin, non seulement à cause de cette petite troupe, qu'elles forment après le temps des nichées, mais encore à leur vol qui n'est ni direct ni oblique à la même hauteur, et qui se fait toujours de bas en haut et de haut en bas alternativement et précipitamment ; on peut aussi les reconnaître sans les voir, à leur cri aigu *troui*, *troui*, qu'on entend de fort loin, et qu'elles ne cessent de répéter lorsqu'elles sont perchées au sommet des arbres.

La pie-grièche rousse se reconnaît à la calotte rousse qui décore sa tête. Cette espèce nous quitte en automne et ne revient qu'au printemps ; la famille, qui ne se sépare pas à la sortie du nid, et qui demeure toujours rassemblée, part vers le commencement de septembre, sans se réunir avec d'autres familles et sans faire de longs vols. Ces oiseaux ne vont que d'arbre en arbre et ne volent pas de suite, même dans le temps de leur départ ; ils restent pendant l'été dans nos campagnes, et font leur nid sur quelque arbre touffu. Ce nid est construit avec beaucoup d'art et de propreté ; la mousse et la laine y sont si bien entrelacées avec les petites racines souples, les herbes fines et longues, les branches pliantes des petits arbustes, que cet ouvrage paraît avoir été tissu; ils produisent ordinairement cinq ou six œufs et quelquefois davantage, et ces œufs, dont le fond est de couleur blanchâtre, sont en tout ou en partie tachés de brun ou de fauve.

L'écorcheur est un peu plus petit que la pie-grièche rousse, et lui ressemble assez par ses habitudes naturelles; comme elle, il arrive au printemps, fait son nid sur des arbres ou même dans des buissons, en pleine campagne, et non pas dans les bois, part avec sa famille vers le mois de septembre, se nourrit communément d'insectes, et fait la guerre aux petits oiseaux. On ne peut trouver de différence essentielle entre eux, si ce n'est dans la taille, dans la distribution et les nuances des couleurs.

LE MERLE.

Le mâle de cette espèce est d'un noir profond, à l'exception du bec, du tour des yeux, du talon et de la plante des pieds, qu'il a plus ou moins jaunés; la femelle, au contraire, n'a point de noir décidé dans son plumage, mais différentes nuances de brun mêlé de roux et de gris. Ces oiseaux font leur première ponte vers la fin de l'hiver; elle est de quatre ou cinq œufs d'un vert-bleuâtre avec des taches couleur de rouille fréquentes et peu distinctes. Leur nid est ordinairement placé dans les buissons ou sur des arbres de hauteur médiocre; on en trouve quelquefois même presqu'à terre, appuyé sur deux branches radicales : du limon

qu'ils trouvent près d'eux, et de la mousse qui ne
manque jamais sur le tronc des arbres, tels sont les
matériaux dont ils fabriquent le corps du nid ; des
brins d'herbe et de petites racines sont la matière
d'un tissu plus mollet, dont ils le revêtent intérieurement, et ils travaillent avec une telle assiduité,
qu'il ne leur faut que huit jours pour finir leur ouvrage. Le nid achevé, la femelle se met à pondre, et
ensuite à couver ses œufs ; elle les couve seule, le
mâle ne prend part à cette opération, qu'en pour-
voyant à la subsistance de la couveuse.

Ces oiseaux, d'un naturel farouche et solitaire,
ne changent pas de contrée pendant l'hiver, mais
ils choisissent dans le canton qu'ils habitent, l'asile
qui leur convient le mieux pendant cette saison
rigoureuse ; il n'est pas rare alors de les voir fré-
quenter les jardins, surtout ceux plantés d'arbres
verts, qui leur présentent plus de ressources, soit
pour se mettre à l'abri des frimas, soit pour vivre :
ils se nourrissent de toutes sortes de baies, de fruits
et d'insectes ; tout le monde connaît le chant de
ces oiseaux, qui le font entendre dès les premières
chaleurs du printemps.

LE LORIOT.

Le loriot arrive dans nos climats vers le milieu
du printemps ; le mâle et la femelle se recherchent
presque aussitôt ; ils placent leur nid sur des arbres
élevés, et le façonnent avec une industrie très remarquable. Ils l'attachent ordinairement à la bifurcation d'une petite branche, et ils enlacent autour

des deux rameaux qui forment cette bifurcation, de longs brins de paille ou de chanvre, dont les uns, allant droit d'un rameau à l'autre, forment le bord du nid par-devant, et les autres, pénétrant dans le tissu du nid, en passant par-dessous, et revenant se rouler sur le rameau opposé, donnent la solidité à l'ouvrage. Ces longs brins de chanvre ou de paille qui préservent le nid par-dessous, en sont l'enveloppe extérieure : le matelas intérieur, destiné à recevoir les œufs, est tissu de petites tiges de graminées, dont les épis sont ramenés sur la partie convexe; entre le matelas intérieur et l'enveloppe extérieure, il y a une quantité assez considérable de mousse, de lichen et d'autres matières semblables, qui servent, pour ainsi dire, d'ouate intermédiaire, et rendent le nid plus impénétrable au dehors, et tout à la fois plus mollet au dedans. Ce nid étant ainsi préparé, la femelle y dépose quatre ou cinq œufs, dont le fond blanc sale est semé de quelques petites taches bien tranchées, d'un brun presque noir.

Dès que les petits sont élevés, la famille se met en marche pour voyager; les loriots ne se réunissent jamais en troupes nombreuses; ils nous quittent vers la fin d'août ou le commencement de septembre, pour aller passer l'hiver dans des climats plus chauds.

LE ROSSIGNOL.

Il n'est point d'homme bien organisé, à qui ce nom ne rappelle quelqu'une de ces belles nuits de printemps, où le ciel étant serein, l'air calme, toute

la nature en silence, et pour ainsi dire attentive, il
a écouté avec ravissement le ramage de ce chantre
des forêts. On pourrait citer quelques autres oiseaux chanteurs, dont la voix le dispute à certains
égards à celle du rossignol; les uns ont d'aussi
beaux sons, les autres ont le timbre aussi pur et
plus doux, d'autres ont des tours de gosier aussi
flatteurs; mais il n'en est pas un seul que le rossignol n'efface par la réunion complète de ces talents
divers, et par la prodigieuse variété de son ramage;
en sorte que la chanson de chacun de ces oiseaux,

FIGURE 5.

Le Rossignol.

prise dans toute son étendue, n'est qu'un couplet
de celle du rossignol. Le rossignol charme toujours,
et ne se répète jamais, du moins jamais servile-
ment; s'il redit quelque passage, ce passage est
animé d'un accent nouveau, embelli par de nouveaux agréments; il réussit dans tous les genres;

il rend toutes les expressions, il saisit tous les caractères, et de plus il sait en augmenter l'effet par
les contrastes. Ce coryphée du printemps se pré-
pare-t-il à chanter l'hymne de la nature, il commence par un prélude timide, par des tons faibles,
presque indécis, comme s'il voulait essayer son instrument, et intéresser ceux qui l'écoutent; mais
ensuite, prenant de l'assurance, il s'anime par de-
grés, il s'échauffe, et bientôt il déploie dans leur
plénitude toutes les ressources de son incomparable
organe; coups de gosier éclatants, batteries vives
et légères, fusées de chant, où la netteté est égale à
la volubilité; murmure intérieur et sourd qui
n'est point appréciable à l'oreille, mais qui est très
propre à augmenter l'éclat des tons appréciables;
roulades précipitées, brillantes et rapides, articu-
lées avec force, et même avec une sûreté de bon
goût; accents plaintifs cadencés avec mollesse; sons
filés avec art, mais enflés avec âme, sons enchan-
teurs et pénétrants, vrais soupirs d'amour et de
volupté, qui semblent sortir du cœur et font palpi-
ter tous les cœurs, qui causent à tout ce qui est
sensible une émotion si douce, une langueur si touchante.

Les phrases sont entremêlées de silences, de ces
silences qui, dans tout genre de mélodies, concou-
rent si puissamment aux grands effets; on jouit des
beaux sons que l'on vient d'entendre, et qui reten-
tissent encore dans l'oreille; on en jouit mieux,
parce que la jouissance est plus intime, plus re-
cueillie, et n'est point troublée par des sensations
nouvelles; bientôt on attend, on désire une autre
reprise; on espère que ce sera celle qui plaît; si

l'on est trompé, la beauté du morceau que l'on entend ne permet pas de regretter celui qui n'est que différé, et l'on conserve l'intérêt de l'espérance pour les reprises qui suivront. Au reste, une des raisons pour lesquelles le chant du rossignol est plus remarqué et produit plus d'effet, c'est que, chantant la nuit, qui est le temps le plus favorable, et chantant seul, sa voix a tout son éclat, et n'est offusquée par aucune autre voix. Il efface tous les autres oiseaux par ses sons moelleux et flûtés, et par la durée non interrompue de son ramage qu'il soutient quelquefois pendant vingt secondes : un observateur a compté dans ce ramage seize reprises différentes, bien déterminées par leurs premières et dernières notes, et dont l'oiseau sait varier avec goût les notes intermédiaires; enfin, il s'est assuré que la sphère que remplit la voix d'un rossignol n'a pas moins d'un mille de diamètre, surtout lorsque l'air est calme, ce qui égale au moins la portée de la voix humaine.

Les rossignols voyagent seuls, arrivent seuls aux mois d'avril et de mai, s'en retournent seuls au mois de septembre. Chaque couple commence à faire son nid dans les premiers jours de mai : il le construit de feuilles, de joncs, de brins d'herbe, de crin et d'une espèce de bourre, et le pose sur les branches les plus basses des arbustes, tels que les groseilliers, les pruniers sauvages, les charmilles. Dans notre climat, la femelle pond ordinairement cinq œufs d'un brun-verdâtre uniforme ; au bout de dix-huit à vingt jours d'incubation, les petits commencent à éclore. Au mois d'août, jeunes et vieux quittent les bois pour se

rapprocher des buissons, des haies vives et des terres
nouvellement labourées, où ils trouvent plus d'insectes et de vers ; bientôt après ils partent en émigration : il ne reste pas un seul rossignol en
France pendant l'hiver.

LES FAUVETTES ET LES LINOTTES.

Ces jolis oiseaux arrivent au moment où les arbres développent leurs feuilles, et commencent à
laisser épanouir leurs fleurs ; ils se dispersent dans
toute l'étendue de nos campagnes ; les uns viennent
habiter nos jardins, d'autres préfèrent les avenues et

FIGURE 6.

La Fauvette.

les bosquets ; plusieurs espèces s'enfoncent dans les
grands bois, et quelques unes se cachent au milieu
des roseaux. Partout où ils se transportent, ils ani-

ment tous les lieux par les mouvements et les accents
de leur tendre gaieté ; leur retour, au printemps, est
le premier signal du réveil de la nature, ils le célè-
brent par leurs chansons.

Leur nid se compose d'herbes sèches, de brins de
chanvre et d'un peu de crin ; il contient ordinairement cinq œufs.

FIGURE 7.

La Linotte.

Les fauvettes nichent vers la fin de mai ou le
commencement de juin ; le mâle partage la solici-
tude de la femelle pour les petits qui viennent d'é-
clore, et ne la quitte pas, même après l'éducation
de la famille. La plupart de ces oiseaux s'éloignent
vers le milieu de l'automne.

LE TROGLODYTE.

Le troglodyte est un très petit oiseau qu'on voit

paraître dans les villages à l'arrivée de l'hiver, et jusque dans la saison la plus rigoureuse, répétant d'une voix claire un petit ramage gai, particulièrement vers le soir, se montrant un instant sur le haut des piles de bois, sur les tas de fagots, où il rentre le moment d'après ; quand il en sort, il sautille sur les branchages entassés, sa petite queue toujours relevée ; il n'a qu'un vol court et tournoyant, et ses ailes battent d'un mouvement si vif, que les vibrations en échappent à l'œil.

Le troglodyte se fait surtout entendre quand il est tombé de la neige, ou sur le soir quand le froid doit redoubler la nuit. Il vit dans les basses-cours, dans les chantiers, cherchant dans les branches, sur les écorces, sous les toits et dans les trous de murs les chrysalides des insectes.

FIGURE 8.

Le Troglodyte.

Au printemps, le troglodyte demeure dans le bois où il fait son nid près de terre, sur quelques branchages épais, quelquefois aussi sous un tronc, sur le gazon, sous l'avance de la rive d'un ruisseau, ou sous un toit de chaume. L'extérieur du nid est entièrement composé de mousse, en dedans il est garni de plumes, et n'a qu'une seule entrée fort étroite, pratiquée au côté; l'oiseau y pond neuf ou dix œufs d'un blanc terne, avec une zone pointillée de rougeâtre au gros bout. Cette espèce est répandue dans toute l'Europe.

L'HIRONDELLE DE CHEMINÉE ET L'HIRONDELLE DES FENÊTRES.

L'hirondelle de cheminée est la première qui paraisse dans nos climats; c'est ordinairement peu après l'équinoxe de printemps. Chaque année elle

FIGURE 9.

L'Hirondelle.

revient aux mêmes endroits, et construit un nouveau nid, qu'elle établit au-dessus de celui de l'année précédente, si le local le permet. Tandis que la femelle couve, le mâle passe la nuit sur le bord du nid ; il dort peu, car on l'entend gazouiller dès l'aube du jour, et il voltige presque jusqu'à la nuit close ; les petits une fois éclos, les père et mère leur portent sans cesse à manger. Ces oiseaux vivent d'insectes ailés qu'ils happent en volant ; mais comme ces insectes ont le vol plus ou moins élevé, selon qu'il fait plus ou moins chaud, il arrive que, lorsque le froid ou la pluie les rabat près de terre, nos oiseaux rasent la terre et cherchent les insectes sur les tiges des plantes, sur l'herbe des prairies, et jusque sur le pavé de nos rues ; ils rasent aussi les eaux, et s'y plongent quelquefois à demi en poursuivant les insectes aquatiques. Cette espèce, quelque temps avant d'émigrer, s'assemble sur un très grand arbre, par troupes de trois ou quatre cents ; elle nous quitte dans les premiers jours d'octobre, et part ordinairement la nuit.

L'hirondelle de fenêtre, ainsi appelée parce qu'elle a coutume de bâtir son nid aux embrasures des fenêtres, arrive en France huit ou dix jours après l'hirondelle de cheminée. Les petits sont souvent éclos dès le 15 de juin ; le mâle ne s'éloigne guère de la femelle pendant qu'elle couve ; il veille sans cesse autour d'elle, et fond avec impétuosité sur les oiseaux qui s'en approchent de trop près. Lorsque les petits sont éclos, tous deux leur portent fréquemment à manger ; ils continuent même de leur donner de la nourriture longtemps après qu'ils ont commencé à voler ; cette nourriture consiste surtout en insectes ailés, que ces oiseaux attrapent au vol ; ils la leur portent au milieu des airs .

L'hirondelle de fenêtre émigre à peu près vers le même temps que l'hirondelle de cheminée : ces deux espèces passent l'hiver en Afrique.

LE MOINEAU.

Dans quelque contrée que le moineau habite, on ne le trouve jamais dans les lieux déserts, ni même dans ceux qui sont éloignés du séjour de l'homme. Les moineaux sont, comme les rats, attachés à nos habitations ; ils ne se plaisent ni dans les bois, ni dans les vastes campagnes ; on a même remarque, qu'il y en a plus dans les villes que dans

FIGURE 10.

Le Moineau.

les villages, et qu'on n'en voit pas dans les hameaux et dans les fermes qui sont au milieu des forêts : ils suivent la société pour vivre à ses dépens. Nos

4.

granges et nos greniers, nos basses-cours et nos colombiers, sont les lieux qu'ils fréquentent de préférence, et, ce qui les rendra éternellement incommodes, c'est non seulement leur très nombreuse multiplication, mais encore leur défiance, leur finesse, leurs ruses, et leur opiniâtreté à ne pas désemparer des lieux qui leur conviennent. Détruit-on leur nid, en vingt-quatre heures ils en refont un autre; brise-t-on leurs œufs, huit ou dix jours après ils en pondent de nouveaux; ils suivent le laboureur dans le temps des semailles, les moissonneurs pendant celui de la récolte, les batteurs dans les granges, la fermière lorsqu'elle jette le grain à ses volailles : en un mot ils ressemblent à ces parasites qu'on trouve partout, et dont on n'a que faire.

Les moineaux nichent ordinairement sous les tuiles, dans les trous de muraille; quelques uns, néanmoins, font leur nid sur les arbres, et le construisent assez grossièrement avec du foin en dehors et de la plume en dedans : toutefois ils y ajoutent une espèce de calotte qui couvre le nid, en sorte que l'eau ne peut y pénétrer. Ils pondent jusqu'à trois fois par an; chaque ponte est de cinq ou six œufs.

LE PINSON.

Le pinson est un oiseau très-vif; on le voit toujours en mouvement, courant légèrement à terre, et cela, joint à la gaîté de son chant, a donné lieu sans doute au proverbe : gai comme pinson. Cet

oiseau commence à chanter de très bonne heure,
au printemps, et plusieurs jours avant le rossignol;
il finit vers le solstice d'été : on distingue dans son
chant un prélude, un roulement et une finale.
Les pinsons font un nid bien rond et solidement
tissu; il semble qu'ils n'aient pas moins d'adresse
que de force dans le bec ; ils posent ce nid sur les
arbres ou les arbustes les plus touffus, et le cachent avec tant de soin, qu'on a de la peine à le

FIGURE 11.

Le Pinson.

découvrir. Ils le construisent au dehors avec des
lichens et de petites racines ; l'intérieur est garni
de laine, de crins et de plumes. La femelle pond
cinq ou six œufs gris-rougeâtres, semés de taches
noirâtres, plus fréquentes au gros bout ; le mâle
ne la quitte pas tandis qu'elle couve ; il se tient
toujours fort près du nid, et ne s'en éloigne que
pour aller à la provision. Les père et mère nourrissent leurs petits de chenilles et d'insectes ; ils en

mangent eux-mêmes ; cependant leur nourriture principale consiste en graines de toute espèce.

Ces oiseaux se rapprochent l'hiver des habitations ; on les voit aussi en grand nombre sur les routes, confondus avec les verdiers et les alouettes, lorsqu'il tombe de la neige, ou qu'un froid rigoureux se fait sentir.

LE BOUVREUIL.

Ce joli oiseau passe la belle saison dans les bois ou sur les montagnes ; il y fait son nid sur les buissons ; la femelle pond de quatre à six œufs d'un blanc sale, un peu bleuâtre ; elle dégorge la nour-

FIGURE 12.

Le Bouvreuil.

riture à ses petits. Après que l'éducation est finie,

les père et mère demeurent appariés, et le sont encore tout l'hiver, car on les voit toujours deux à deux, soit qu'ils voyagent, soit qu'ils restent ; mais ceux qui restent dans le même pays, quittent les bois au temps des neiges, descendent de leurs montagnes et s'approchent des lieux habités, ou bien se tiennent sur les haies le long des chemins : ceux qui voyagent, reviennent dans le mois d'avril. Ils se nourrissent en été de toutes sortes de graines, de toutes sortes de baies et d'insectes, et l'hiver, de grains de genièvre et des bourgeons des arbres. On les entend, pendant cette saison, siffler, se répondre, et animer par leur chant, quoique un peu triste, le silence encore plus triste qui règne alors dans la nature.

LE CHARDONNERET.

Beauté du plumage, douceur de la voix, finesse de l'instinct, ce charmant petit oiseau réunit tout, et il ne lui manque que d'être rare et de venir d'un pays éloigné pour être estimé ce qu'il vaut.

Le rouge-cramoisi, le noir-velouté, le blanc, le jaune doré, sont les principales couleurs qu'on voit briller sur son plumage, et le mélange bien entendu de teintes plus douces et plus sombres leur donne encore plus d'éclat. Le chardonneret se fait surtout remarquer par la plaque jaune dont ses ailes sont décorées, et par le rouge de sa tête et de sa gorge.

Les chardonnerets sont, avec les pinsons, les oiseaux qui savent le mieux construire leurs nids, en rendre le tissu plus solide, lui donner une forme

plus arrondie et plus élégante. Les matériaux qu'ils
y emploient sont, pour le dehors, la moussefine,

Le Chardonneret.

les lichens, les joncs, les petites racines, la bourre
des chardons, tout cela entremêlé avec beaucoup
d'art; et pour l'intérieur, l'herbe sèche, le crin,
la laine et le duvet, ils posent ce nid sur les arbres
de moyenne hauteur.

Ces oiseaux ont beaucoup d'attachement pour
leurs petits; ils les nourrissent avec des chenilles
et d'autres insectes.

Le chardonneret a le vol bas, mais suivi et filé
comme celui de la linotte, et non pas bondissant
et sautillant comme celui du moineau.

L'automne, les chardonnerets commencent à se
rassembler; on en prend beaucoup dans cette saison. L'hiver, ils vont par troupes nombreuses; ils
s'approchent des grands chemins, à portée des lieux

où croissent les chardons, la chicorée sauvage ; ils savent fort bien en éplucher la graine.

LE BEC-CROISÉ.

Le bec-croisé n'habite que les climats froids ou les montagnes dans les pays tempérés. Il est absolument sédentaire dans les contrées qu'il habite, et y demeure toute l'année. Ces oiseaux se plaisent surtout dans les noires forêts de pins et de sapins ; ce n'est pas au printemps, mais au fort de l'hiver qu'ils s'apparient ; ils font leurs nids dès le mois de janvier ; ils les établissent sous les grosses branches de pins, les y attachent avec la résine de ces ar-

FIGURE 14.

Le Bec-croisé.

bres, et les enduisent de cette substance, de sorte que l'humidité de la neige ou des pluies ne peut guère y pénétrer.

Les becs-croisés ne viennent point régulièrement et constamment à des saisons marquées, dans les contrées où ils ne font pas leur résidence habituelle, mais plutôt accidentellement par des causes inconnues ; on est souvent plusieurs années sans en voir.

L'ÉTOURNEAU.

Les étourneaux sont des oiseaux éminemment amis de la société. Ils n'ont pas plus tôt fini leur couvée qu'ils se rassemblent en troupes très nombreuses : ces troupes ont une manière de voler qui

FIGURE 15.

L'Étourneau.

leur est propre, et semble soumise à une tactique uniforme et régulière, telle que serait celle d'une troupe disciplinée, obéissant avec précision à la voix d'un seul chef. C'est à la voix de l'instinct que les étourneaux obéissent, et cet instinct les porte à se rapprocher toujours du centre du peloton, tandis que la rapidité de leur vol les emporte sans cesse au-delà ; en sorte que cette multitude d'oiseaux, ainsi réunis par une tendance commune vers un même point, allant et venant sans cesse, circulant et se croisant en tous sens, forme une espèce de tourbillon fort agité, dont la masse entière, sans suivre de direction bien certaine, paraît avoir un mouvement général de révolution sur elle-même, Pendant l'automne ces bandes errent dans les plaines, s'abattent au milieu des troupeaux, se perchent sans crainte sur le dos et sur la tête des moutons, et paraissent faire peu d'attention aux chiens et au berger. Quand on les force à s'envoler, les étourneaux semblent ne s'éloigner qu'à regret, et se hâtent ordinairement de voler vers un autre troupeau.

C'est surtout le soir et le matin que les étourneaux se réunissent en grand nombre comme pour se mettre en force et se garantir de tout danger ; ils jasent beaucoup avant de se séparer. Chaque paire s'assortit vers la fin de mars ; leur nid consiste en quelques feuilles sèches, quelques brins d'herbe et de mousse au fond d'un trou d'arbre ou de muraille : c'est sur ce matelas fait sans art que la femelle dépose cinq ou six œufs d'un cendré verdâtre. Les étourneaux vivent principalement d'insectes : aussi suivent-ils volontiers les troupeaux dans les prairies ; chacun sait avec quelle facilité on leur apprend à parler, et surtout à siffler.

LE CORBEAU.

Les corbeaux se distinguent de tous les passereaux, par leur taille plus grande, leur bec vigou-
reux, comprimé sur les côtés, et garni à la base
de plumes raides dirigées en avant, au-dessus des
narines. La plupart sont omnivores. L'espèce si
répandue en Europe, le corbeau commun, se reconnaît à son plumage d'un noir métallique et à sa
queue arrondie. Le corbeau a le vol élevé et facile; à terre, sa démarche est grave et posée. Sa

FIGURE 16.

Le Corbeau.

nourriture principale consiste en charognes qu'il
évente de très loin; mais, à défaut de cadavres, il
se nourrit de graines et d'insectes; lorsqu'il est

poussé par la faim, surtout pendant l'hiver, il se
répand en grandes troupes dans les champs ense-
mencés, et cherche des vers et des larves de han-
netons, dans les terres nouvellement labourées. Cet
oiseau niche de bonne heure; il place son nid au
haut des arbres les plus élevés; la femelle pond,
en mars, cinq ou six œufs d'un vert pâle, mar-
quetés de taches et de traits de couleur obscure. Chacun sait combien les corbeaux sont rusés,
et par suite combien il est difficile de les appro-
cher; mais c'est une erreur de croire qu'ils sentent
la poudre dans le fusil du chasseur.

LA PIE.

La pie est omnivore; elle vit de toutes sortes de
fruits, se nourrit de charognes, et fait sa proie des
œufs, du menu gibier, et même des jeunes levreaux.
Cet oiseau, posé à terre, est toujours en action,
et fait autant de sauts que de pas; il a aussi dans la
queue un mouvement brusque et presque continuel.
Le nid de la pie est construit avec beaucoup d'art;
elle multiplie les précautions pour préserver ses
petits des périls de toute espèce. Elle place ce
nid au haut des plus grands arbres, quelquefois
aussi sur des buissons élevés et touffus, et n'oublie rien pour le rendre solide et sûr; aidée de son
mâle, elle le fortifie extérieurement avec des bûchettes flexibles et du mortier de terre gâchée, et
elle le recouvre en entier d'une enveloppe, à claire-
voie, d'une espèce d'abattis de petites branches épi-
neuses et bien entrelacées; elle n'y laisse d'ouver-

ture que dans le côté le mieux défendu , le moins
accessible , et seulement ce qu'il faut pour qu'elle
puisse entrer et sortir. Sa prévoyance industrieuse
ne se borne pas à la sûreté , elle s'étend encore à
la commodité ; car elle garnit le fond du nid

FIGURE 17.

La Pie.

d'un matelas large et épais , pour que ses petits
soient plus mollement et plus chaudement ; et,

quoique ce matelas, qui est le nid véritable, n'ait qu'environ six pouces de diamètre, la masse entière, en y comprenant les ouvrages extérieurs et l'enveloppe épineuse, a au moins deux pieds en tous sens.

La pie pond sept ou huit œufs d'un fond vert-bleu, semé de taches brunes plus fréquentes vers le gros bout; les petits éclos, la mère les élève avec sollicitude, et leur continue longtemps ses soins.

Cet oiseau est très commun dans toute l'Europe; son plumage, où le noir et le blanc dominent, est nuancé de vert, de pourpre et de violet.

LE GEAI.

Le plumage du geai se fait surtout remarquer par cette marque bleue, ou plutôt émaillée de différentes nuances de bleu, dont chacune de ses ailes est ornée, et qui suffirait seule pour le distinguer de presque tous les autres oiseaux de l'Europe. Il a de plus sur le front un toupet de petites plumes noires, bleues et blanches; en général, toutes ses plumes sont singulièrement douces et soyeuses au toucher, et il sait, en relevant celles de sa tête, se faire une huppe qu'il rabaisse à son gré.

Les geais sont fort pétulants de leur nature; leur cri ordinaire est très désagréable, et ils le font entendre souvent; ils ont aussi de la disposition à contrefaire celui de plusieurs oiseaux, aussi mauvais chanteurs qu'eux.

Ces oiseaux nichent dans les bois, et loin des lieux habités, préférant les chênes les plus touffus, et ceux dont le tronc est entouré de lierre ; leurs nids, qu'ils placent à quinze ou vingt pieds au-dessus du sol, dans la bifurcation de deux rameaux, sont des demi-sphères creuses, formées de petites racines entrelacées, ouvertes par dessus, sans matelas au dedans, sans défense au dehors ; la femelle y pond au printemps cinq ou six œufs, d'un gris plus ou moins verdâtre, avec de petites taches faiblement marquées.

Les petits subissent leur première mue dès le mois de juillet ; ils suivent leurs père et mère jusqu'au printemps de l'année suivante, temps où ils les quittent pour se réunir deux à deux, et former de nouvelles familles : c'est alors que la plaque bleue des ailes, qui s'était montrée de très bonne heure, paraît dans toute sa beauté.

Les geais se nourrissent de toutes sortes de graines et de fruits, et principalement de glands et de noisettes, dont ils font provision.

L'OISEAU DE PARADIS.

Ces oiseaux, originaires de la Nouvelle-Guinée et des îles voisines, se font remarquer par la richesse de leur plumage. La plupart ont les plumes des flancs effilées et allongées en panaches bien plus longs que le corps ; chez d'autres, les plumes scapulaires (des épaules) forment une espèce de mantelet, qui peut recouvrir les ailes ; souvent deux des plumes du croupion prennent la forme de longs filets ébarbés, et presque toujours les couleurs les plus harmonieuses se mêlent aux reflets les plus

riches et les plus brillants. On a cru, pendant longtemps, que ces oiseaux étaient privés de pieds, et

L'Oiseau de Paradis.

par suite ne se perchaient jamais; cette erreur pro-
venait de ce que l'on ne connaissait que des indi-

vidus desséchés et mutilés, livrés ainsi dans le commerce ; il est superflu d'ajouter que les individus complets, qu'on s'est procurés dans le pays même, n'ont offert aucune trace de cette anomalie prétendue. L'espèce la plus recherchée par les dames qui en ornent leur coiffure, est le paradis émeraude : le mâle se reconnaît à ses magnifiques faisceaux de plumes jaunâtres.

L'OISEAU-MOUCHE.

De tous les êtres animés, voici le plus élégant pour la forme et le plus brillant pour les couleurs. Légèreté, rapidité, prestesse, grâce et riche parure, tout appartient à ce favori de la nature.

FIGURE 19.

L'Oiseau-Mouche.

L'émeraude, le rubis, la topaze, brillent sur ses habits ; il ne les souille jamais de la poussière de la terre, et, dans sa vie tout aérienne, on le voit à peine toucher le gazon par instants; il est toujours en l'air, volant de fleurs en fleurs; il a leur fraîcheur, comme il a leur éclat; il vit de leur nectar, et n'habite que les climats où sans cesse elles se renouvellent.

C'est dans les contrées les plus chaudes, que se trouvent toutes les espèces d'oiseaux-mouches. Ils se tiennent d'ordinaire dans les jardins, sont peu défiants, et montrent un courage bien au-dessus de leurs forces. Lorsqu'il s'agit de défendre leur couvée, on les voit poursuivre avec furie des oiseaux vingt fois plus gros qu'eux, s'attacher à leur corps, et, se laissant emporter par leur vol, les becqueter à coups redoublés, jusqu'à ce qu'ils les aient éloignés de leur domicile. Ils se livrent aussi entre eux de très vifs combats. Leur nid consiste en une espèce de feutre délicat de soie et de coton, revêtu en dehors de lichens et de brins de bois gommé; il a la forme d'une capsule, et se trouve suspendu à une branche ou à un des brins de chaume dont les colons recouvrent leurs habitations. Les espèces dont le bec est arqué ont reçu le nom de *colibris*, celles dont le bec est droit portent le nom spécial d'*oiseaux-mouches*; toutes sont exotiques et particulières à l'Amérique du sud.

LA HUPPE.

Les huppes sont des oiseaux de passage qui nous arrivent au printemps et nous quittent aux approches de l'automne. De toutes les différentes couleurs répandues sur leur plumage, il résulte une espèce de dessin régulier d'un très bel effet, lorsqu'elles redressent leur huppe d'une jolie couleur jaune bordée de noir, étendent leurs ailes, relèvent et épanouissent leur queue. Leur nourriture

FIGURE 20.

La Huppe.

consiste en insectes, et surtout en vers de terre, qu'elles sont constamment occupées à chercher dans les sols humides, où leur bec long et menu peut aisément pénétrer. Ces oiseaux font leurs nids dans des trous d'arbres ou des trous de murailles ; ces nids ont quelquefois douze, quinze et jusqu'à dix-huit pouces de profondeur ; il en résulte que les petits ne pouvant, pendant leur jeune âge, se vider

au dehors, restent fort long-temps dans leur or-
dure ; de là le proverbe : sale comme une huppe ;
de là aussi le préjugé si commun, de croire que cet
oiseau construit son nid avec des excréments hu-
mains. La femelle pond ordinairement quatre ou
cinq œufs ; les petits se dispersent dès qu'ils sont
en état de voler ; toute la famille émigre, et se rend
en Egypte pour y passer l'hiver.

LE MARTIN-PÊCHEUR.

De tous nos oiseaux de France, il n'en est aucun
qu'on puisse comparer au martin-pêcheur pour la
netteté, la richesse et l'éclat des couleurs ; elles
ont les nuances de l'arc-en-ciel, le brillant de l'é-
mail, le lustre de la soie ; tout le milieu du dos,
avec le dessus de la queue, est d'un bleu clair et
brillant qui, aux rayons du soleil, a le jeu du sa-
phir et l'œil de la turquoise ; le vert se mêle sur
ses ailes au bleu ; le jaune-rouge ardent colore sa
poitrine, et la plupart des plumes des ailes sont
terminées et ponctuées par une teinte d'aigue-ma-
rine. Cet oiseau fréquente les bords des rivières et
des ruisseaux ; sa nourriture principale consiste en
petits poissons, dont il vomit les parties dures. Son
vol est rapide et filé ; il suit ordinairement les contours des ruisseaux en rasant la surface de l'eau ; il
crie, en volant, d'une voix perçante ; il est très
sauvage et part de loin ; il se tient sur une branche
avancée au-dessus de l'eau pour pêcher, y reste immobile, et épie souvent des heures entières le passage d'un petit poisson, sur lequel il fond avec la ra-

pidité de la foudre, en se laissant tomber dans l'eau.

A défaut de branches avancées sur l'eau, le martin-pêcheur se pose sur quelque pierre voisine du rivage, ou même sur le gravier d'où il épie sa proie.

FIGURE 31.

Le Martin-Pêcheur.

Il niche au bord des rivières et des ruisseaux, dans des trous creusés par des rats d'eau ou par des écrevisses, qu'il approfondit lui-même et dont il maçonne et retrécit l'ouverture : il s'y retire pour nicher vers le mois de mars.

L'ALOUETTE.

Cet oiseau commence à chanter dès les premiers jours du printemps, et continue de le faire pendant toute la belle saison. L'alouette est du petit nombre

des oiseaux qui chantent en volant ; plus elle s'é-
lève, plus elle force la voix, et souvent elle la force
à un tel point, que, quoique elle se soutienne au
haut des airs et à perte de vue, on l'entend encore
distinctement. En revanche, elle chante rarement
à terre, où néanmoins elle se tient toujours lorsqu'elle ne vole point, car elle ne se perche pas sur
les arbres, et l'on doit la compter parmi les oiseaux
pulvérulateurs. La femelle place son nid entre deux
mottes de terre ; elle le garnit intérieurement
d'herbe, de petites racines sèches, et prend beaucoup de soin pour le cacher. Chaque ponte est de
quatre ou cinq œufs tachés de brun sur un fond
grisâtre. La femelle ne couve que pendant quinze
jours au plus, et elle emploie encore moins de
temps à conduire et à élever ses petits. Ceux-ci se
tiennent un peu séparés les uns des autres, car la
mère ne les rassemble pas toujours sous ses ailes,
mais elle voltige souvent au-dessus de la couvée, la
suivant de l'œil avec une sollicitude vraiment maternelle, dirigeant tous ses mouvements, pour-
voyant à tous ses besoins, et veillant à tous ses dangers.

Les aliments les plus ordinaires des jeunes alouettes sont les vers, les chenilles et les œufs de fourmis ; lorsqu'elles sont adultes, elles vivent principalement de graines et d'herbes.

Pendant l'été, les alouettes se tiennent de préférence dans les terrains élevés et pierreux, et vont,
en général, par paires ; dans les grands froids, elles
se rapprochent des habitations, et se répandent sur
les grandes routes, où elles se nourrissent des débris qu'elles trouvent dans le fumier de cheval. On

6

les voit, à cette époque, arriver par bandes consi-
dérables qui s'abattent tout à coup dans un canton ;
mais elles n'y séjournent guère que vingt-quatre
heures ; c'est le temps qu'on choisit pour leur faire
la chasse.

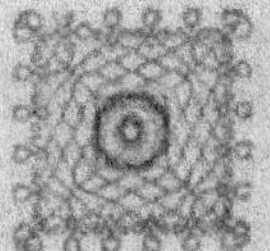

CHAPITRE III.

LES GRIMPEURS.

Quoique le nom de *grimpeurs* doive s'appliquer indistinctement à tous les oiseaux qui jouissent de la faculté de grimper aux arbres, on réserve cependant cette dénomination spéciale à ceux dont le doigt externe se dirige en arrière, comme le pouce, ce qui leur donne un appui plus solide, et soutient le corps dans sa position habituellement verticale.

Les grimpeurs se lient étroitement à l'ordre des passereaux, par certaines habitudes qui sont communes aux uns et aux autres; leur régime est aussi le même. Les uns se nourrissent d'insectes, qu'ils prennent d'ordinaire dans les fentes des écorces; les autres mangent des fruits; la plupart nichent dans les trous des arbres. C'est parmi les grimpeurs qu'il faut ranger les pics, les coucous et les perroquets.

LE PIC VERT.

Parmi tous les oiseaux que la nature force de vivre de la grande et de la petite chasse, il n'en est aucun dont elle ait rendu la vie plus laborieuse, plus dure que celle du pic vert : elle l'a condamné au travail, et, pour ainsi dire, à la galère perpétuelle ; tandis que les autres ont pour moyens la course, le vol, l'embuscade, l'attaque, exercices libres, où

FIGURE 22.

Le Pic vert.

le courage et l'adresse prévalent, le pic vert, assujetti à une tâche pénible, ne peut trouver sa nourriture qu'en perçant les écorces et la fibre dure des arbres qui la recèlent. En revanche, la Providence lui a donné des organes et des instruments appropriés à cette destinée. Quatre doigts épais, nerveux, tournés deux en avant, deux en arrière, tous armés de gros ongles arqués, implantés sur un pied très court et puissamment musclé, lui servent à s'attacher fortement, et à grimper en tous sens autour du tronc des arbres ; son bec tranchant, droit, en forme de coin, carré à sa base, cannelé dans sa longueur, aplati et taillé verticalement à sa pointe comme un ciseau, est l'instrument avec lequel il perce l'écorce, et entame profondément le bois des arbres, où les insectes ont déposé leurs œufs. Ce bec, d'une substance solide et dure, sort d'un crâne épais ; son cou raccourci est muni de muscles forts et épais ; c'est en les faisant agir que le Pic parvient à percer le bois, et à s'ouvrir un accès jusqu'au cœur des arbres. Il y darde une langue longue et effilée, arrondie, armée d'une pointe dure, osseuse, dont il pique dans leurs trous les larves qui font sa nourriture. Enfin sa queue, composée de dix pennes raides, fléchies en dedans, tronquées à la pointe, garnies de soies rudes, lui sert de point d'appui dans l'attitude renversée qu'il est forcé de prendre, pour grimper et frapper avec avantage.

Cette espèce arrive au printemps, et fait retentir les bois des cris aigus et durs : *tiacacan*, *tiacacan*, que l'on entend de loin, et qu'il jette surtout en volant par élans et par bonds ; il plonge, se relève, et trace en l'air des arcs ondulés, ce qui n'empêche pas qu'il ne s'y soutienne assez longtemps ; et quoiqu'il ne s'élève qu'à une petite hauteur, il franchit d'assez grands intervalles pour passer d'un bois à l'autre. Dans le temps de la pariade, il a, de plus que son cri ordinaire, un appel qui ressemble en quelque sorte à un éclat de rire bruyant et continu : *tio, tio, tio, tio*, répété jusqu'à trente et quarante fois de suite.

Le pic vert se tient souvent près des fourmilières ; il attend les fourmis au passage, couchant sa longue langue dans le petit sentier, qu'elles ont coutume de tracer et de suivre à la file ; et lorsqu'il sent sa langue couverte de ces insectes, il la retire pour les avaler ; mais si les fourmis ne sont pas assez en mouvement, et lorsque le froid les tient encore renfermées, il va sur la fourmilière, l'ouvre avec les pieds et le bec, et s'établissant au milieu de la brèche qu'il vient de faire, il saisit les fourmis à son aise, et avale aussi leurs chrysalides.

Dans tous les autres temps, il grimpe contre les arbres qu'il frappe à coups de bec redoublés ; le son qu'il produit ainsi, lui fait connaître les endroits creux, où se nichent les larves qu'il recherche, ou bien une cavité dans laquelle il puisse se loger lui-même, et disposer son nid.

C'est au cœur d'un arbre vermoulu qu'il le place, à quinze ou vingt pieds au-dessus de terre, et plus souvent dans les arbres de bois tendre. Le mâle et la femelle travaillent incessamment et tour à tour à percer la partie vive de l'arbre, jusqu'à ce qu'ils rencontrent le centre carié ; ils le vident et le creusent, rejetant au dehors avec les pieds les copeaux et la poussière du bois ; ils rendent quelquefois leur trou si oblique et si profond, que la lumière du jour ne peut y arriver. Ils y nourrissent leurs petits à l'aveugle. La ponte est ordinairement de cinq œufs de couleur verdâtre avec de petites taches noires. Les jeunes pics commencent à grimper tout petits, et avant de pouvoir voler. Le mâle et la femelle ne se quittent guère, se couchent de bonne heure, avant les autres oiseaux, et restent dans leur trou jusqu'au jour.

Les mœurs du pic épeiche et du petit pic ressemblent beaucoup à celles du pic vert : ces espèces ne sont pas rares en France.

LE COUCOU.

Les coucous, par une exception unique chez les grimpeurs, se perchent simplement sur les arbres, mais n'y grimpent jamais, bien que leurs pieds soient conformés comme ceux des autres oiseaux de cet ordre. Ces oiseaux sont célèbres par une particularité singulière de leurs mœurs (1); non seulement ils ne construisent pas eux-mêmes de nids pour leurs petits, mais ils font couver leurs œufs par d'autres oiseaux. Ils les déposent un à un dans des nids étrangers, et ont l'instinct de choisir celui d'un oiseau ayant l'habitude de nourrir ses petits avec des aliments qui conviennent aussi aux jeunes coucous. En Europe, c'est ordinairement dans les nids de la fauvette, du rouge-gorge, du rossignol, du merle ou de quelques autres petits oiseaux insectivores, qu'ils les placent, et, chose remarquable, la couveuse qui s'y trouve, devient pour ces intrus une mère tendre et infatigable, quoiqu'ils la privent de sa propre progéniture. D'après quelques naturalistes, les vieux coucous ont le soin de dé-

(1) Milne Edwards.

truire les œufs qu'ils trouvent dans le nid auquel ils confient le leur, mais d'autres observateurs assurent que c'est le jeune coucou lui-même qui se charge de les rejeter de sa demeure, ou d'en expulser, aussitôt après leur naissance, les petits dont il usurpe la place. Suivant Jenner, l'illustre inven-

FIGURE 23.

Le Coucou.

teur de la vaccine, le jeune coucou se glisse sous l'un des petits oiseaux dont il partage le berceau, et parvient bientôt à le placer sur son dos, où il le retient à l'aide de ses ailes ; ensuite, se traînant à reculons jusqu'au bord du nid, il le jette par dessus ; puis il recommence les mêmes mouvements sous un second, et ainsi de suite, jusqu'à ce qu'il reste seul maître de sa demeure. On ne connaît pas bien la cause qui détermine les coucous à abandonner ainsi à d'autres oiseaux le soin de l'incubation. Ils restent souvent par paires, dans le voisinage de l'endroit où les œufs ont été déposés ; et leurs petits, quand ils sont assez forts pour voler, quittent leurs premiers pourvoyeurs, et rejoignent leurs parents naturels, qui se chargent de compléter leur éducation. Les coucous vivent d'ordinaire solitaires, et se nourrissent de chenilles, d'insectes et de vers qu'ils écrasent avant de les avaler. Ils nous arrivent vers le mois d'avril et se font entendre aussitôt ; leur chant, que rappelle leur nom, n'appartient qu'aux mâles déjà parvenus à leur seconde année : il cesse au mois de juillet, époque à laquelle commence leur mue ; au mois de septembre, les coucous émigrent vers le midi.

LE PERROQUET.

Les perroquets sont des oiseaux essentiellement grimpeurs : on les voit aller de branche en branche, en s'y accrochant avec leur bec et leurs pattes. Ils se nourrissent de fruits de toute espèce, et préférablement d'amandes qu'ils épluchent avec soin. Lorsqu'ils mangent, ils se servent d'une de leurs pattes pour porter leurs aliments à leur bouche, pendant qu'ils restent perchés sur l'autre pied. Hors le temps de la ponte, les perroquets vivent en troupes plus ou moins nombreuses, ils se tiennent sur le bord des ruisseaux, et prennent plaisir à se baigner plusieurs fois le jour. Dans la zone torride, leur patrie, la ponte se compose de trois ou quatre œufs, et se renouvelle plusieurs fois l'année. Les petits naissent nus, et avec une tête démesurément grosse ; ils ne se couvrent complètement de plumes qu'au bout de deux ou trois mois, et restent avec leurs père et mère jusqu'après leur première mue. Chacun connaît la facilité avec laquelle ils imitent la voix humaine et apprennent à articuler quelques mots ; cette propriété paraît dépendre de la structure compliquée de leur larynx inférieur, et de la conformation particulière de leur langue qui est épaisse, charnue et arrondie.

Le plumage des perroquets offre des couleurs très variées, mais presque toujours pures et brillantes ; le vert domine, puis le rouge, ensuite le bleu ; le jaune paraît remplacer le blanc, qui se voit chez la plupart des autres oiseaux.

Les perroquets forment une tribu très nombreuse, et se divisent en aras, perruches, cacatoès et perroquets proprement dits.

Les aras ont la queue longue et étagée, et les

FIGURE 21.

L'Aras.

joues privées de plumes : c'est parmi eux qu'on trouve les couleurs les plus brillantes.

Les perruches ont la queue longue et les joues

FIGURE 25.

Le Cacatoës.

emplumées. C'est à cette tribu qu'appartient l'espèce la plus anciennement connue en Europe, la perruche d'Alexandre, ainsi appelée du nom de ce conquérant, qui le premier l'apporta en Grèce.

Les cacatoës se reconnaissent à leur tête ornée d'une huppe, à longues plumes érectiles; leur queue est courte et égale; leur plumage est généralement blanc.

Enfin, les perroquets proprement dits ont la queue semblable à celle des cacatoës, mais leur tête est dépourvue de huppe. C'est dans cette tribu

FIGURE 26.

Le Perroquet.

qu'il faut placer le perroquet gris, si recherché pour la facilité avec laquelle il apprend à parler. Cette espèce est originaire de la côte occidentale d'Afrique.

CHAPITRE IV.

LES GALLINACÉES.

Cet ordre, représenté par le coq et la poule de nos basses-cours, comprend les oiseaux qui ont le bec médiocre et voûté en dessus, les narines recouvertes par une pièce charnue, et les doigts dentelés sur les bords et réunis à la base par une courte membrane.

La plupart ont l'aspect lourd; tous sont granivores; le plus grand nombre vit en polygamie, et, par une conséquence nécessaire, le mâle néglige la construction du nid et l'éducation des petits : ceux-ci sont généralement capables de chercher leur nourriture presque au sortir de l'œuf. Les principaux genres de cet ordre sont les pigeons, le paon, le dindon, la pintade, le faisan, le coq, la perdrix et la caille.

LES PIGEONS.

Les pigeons sont des captifs volontaires, des

hôtes fugitifs qui ne se tiennent dans le logement qu'on leur offre, qu'autant qu'ils s'y plaisent et qu'ils y trouvent la nourriture abondante, le gîte agréable et toutes les aisances de la vie. Pour peu que quelque chose leur manque ou leur déplaise, ils quittent leur logis et se dispersent pour aller ailleurs ; il y en a même qui préfèrent constamment les trous poudreux des vieilles murailles

FIGURE 27.

Le Pigeon.

aux boulins les plus propres de nos colombiers, d'autres qui s'établissent dans des fentes et des creux d'arbres ; d'autres qui semblent fuir nos habitations et que rien ne peut y attirer, tandis qu'on en voit, au contraire, qui n'osent les quitter, et qu'il faut nourrir autour de leur volière qu'ils n'abandonnent jamais. Ces habitudes opposées, ces différences de mœurs, démontrent clairement que sous le nom de pigeons on comprend un grand nombre d'espèces diverses, dont chacune a son naturel propre et différent de celui des autres ; nous nous bornerons à en indiquer deux, le biset et le pigeon de volière, entre lesquels il n'y a de différence réelle, sinon que le premier est sauvage et le second domestique.

Le biset semble être la souche première de laquelle tous les autres pigeons tirent leur origine. On peut se le représenter par ceux de nos pigeons fuyards qui désertent nos colombiers, et prennent l'habitude de se percher sur les arbres; c'est la première et plus forte nuance de leur retour à la vie sauvage. Ces pigeons, quoique élevés en domesticité, quoique en apparence accoutumés comme les autres à un domicile fixe, rompent toute société, et vont s'établir dans les bois : ils reviennent donc à leur état de nature, poussés par leur seul instinct. Quelques uns d'entre eux, cependant, établissent une seconde nuance, et méritent d'être classés à part. Également amoureux de leur liberté, ils fuient nos colombiers pour aller habiter solitairement quelques trous de muraille, ou bien ils se réfugient en petit nombre dans une tour peu fréquentée ; il est vrai qu'ils ne retournent pas réellement à l'état de nature, qu'ils ne se perchent pas comme les premiers : néanmoins, ils sont beaucoup plus près de l'état libre que de la condition domestique.

La seconde race est celle de nos pigeons de colombier, dont tout le monde connaît les mœurs, et qui, lorsque leur demeure leur convient, ne l'abandonnent pas, ou ne la quittent que pour en prendre une qui leur convient encore mieux, d'où ils ne sortent que pour aller s'égayer, et se pourvoir dans les champs voisins. Or, comme c'est parmi ces pigeons même que se trouvent les fuyards et les déserteurs, cela prouve que tous n'ont pas encore perdu leur instinct d'origine, et que l'habitude de la libre domesticité, dans laquelle ils vivent, n'a pas entièrement effacé les traits de leur première nature, à laquelle ils pourraient encore revenir.

Quoi qu'il en soit de ces races, tous les pigeons ont de certaines qualités qui leur sont communes, l'amour de la société, l'attachement à leurs semblables, la douceur des mœurs, la fidélité réciproque et l'amour sans partage du mâle et de la femelle, la propreté, le soin de soi-même, qui supposent l'envie de plaire, l'art de se donner des grâces qui le suppose encore plus. Nulle humeur, nul dégoût, nulle querelle dans la vie de ces oiseaux ; toutes les fonctions pénibles sont également réparties : le mâle aimant assez pour les partager et même se charger des soins maternels, couvant régulièrement à son tour et les œufs et les petits, pour en épargner la peine à sa compagne, pour mettre entre elle et lui cette égalité dont dépend le bonheur de toute union durable.

LE RAMIER ET LA TOURTERELLE.

Le ramier a le plumage d'un cendré bleuâtre, avec la poitrine d'un roux vineux et des taches blanches à l'œil et sur le côté du cou. Il habite la plus grande partie de l'ancien continent et émigre en hiver ; il nous arrive au printemps, pond vers le milieu de l'été, et nous quitte en novembre pour se porter vers le sud.

La tourterelle vit dans les bois comme le ramier,

La Tourterelle.

c'est-à-dire par paires réunies en petites troupes ; elle nous quitte vers la fin de l'été, après la moisson, pour aller passer l'hiver dans le midi ; on la trouve depuis l'Afrique jusqu'en Chine.

LE PAON.

Si l'empire appartenait à la beauté et non à la force, le paon serait sans contredit le roi des oiseaux. Il n'en est point sur qui la nature ait versé ses trésors avec plus de profusion : la taille grande, le

port imposant, la démarche fière, la figure noble,
les proportions du corps élégantes et sveltes, tout ce
qui annonce un être de distinction lui a été donné.
Une aigrette mobile et légère, peinte des plus riches

FIGURE 29.

Le Paon.

couleurs, orne sa tête et l'élève, sans la charger;
son incomparable plumage semble réunir tout ce
qui flatte nos yeux dans le coloris tendre et frais
des plus belles fleurs, tout ce qui les éblouit dans
les reflets pétillants des pierreries, tout ce qui les

étonne dans l'éclat majestueux de l'arc-en-ciel ;
non seulement le Créateur a réuni sur le plumage
du paon toutes les couleurs du ciel et de la terre,
pour en faire un chef-d'œuvre de magnificence,
mais il les a encore mêlées, assorties, nuancées, fon-
dues de son inimitable pinceau, et en a fait un ta-
bleau unique, où elles tirent de leur mélange avec
des nuances plus sombres, et de leurs oppositions
entre elles, un nouveau lustre et des effets de lumière si sublimes, que notre art ne peut ni les
imiter ni les décrire.

Tel paraît à nos yeux le plumage du paon, lorsqu'il se promène paisible et seul dans un beau
jour de printemps ; mais si sa femelle vient tout à
coup à paraître, alors toutes ses beautés se multi-
plient, ses yeux s'animent et prennent de l'expres-
sion, son aigrette s'agite sur sa tête et annonce
son émotion intérieure ; les longues plumes de sa
queue déploient, en se relevant, leurs richesses
éblouissantes ; sa tête et son cou se renversant no-
blement en arrière, se dessinent avec grâce sur ce
fond radieux où la lumière du soleil se joue en
mille manières, se perd et se reproduit sans cesse,
et semble prendre un nouvel éclat plus doux et
plus moelleux, de nouvelles couleurs plus variées
et plus harmonieuses ; chaque mouvement de l'oiseau produit des milliers de nuances nouvelles,
des gerbes de reflets ondoyants et fugitifs, sans cesse
remplacés par d'autres reflets et d'autres nuances
toujours diverses et toujours admirables.

Le paon, depuis longtemps naturalisé en Europe, où il règne dans nos basses-cours, est originaire des Indes Orientales.

LE DINDON.

Le Dindon est un des oiseaux les plus remarquables des basses-cours. Sa tête, fort petite à proportion de son corps, manque de la parure ordinaire aux oiseaux, car elle est presque entièrement dénuée de plumes, et seulement recouverte, ainsi qu'une partie du cou, d'une peau bleuâtre, chargée de mamelons rouges dans la partie antérieure du cou et de mamelons blanchâtres sur la partie postérieure de la tête, avec quelques petits poils noirs clair-semés entre les mamelons, et de petites plumes plus rares au haut du cou, qui deviennent plus fréquentes dans la partie inférieure. De la base du bec descend sur le cou, jusqu'à environ le tiers de sa longueur, une espèce de barbillon charnu, rouge et flottant, qui paraît simple aux yeux quoiqu'il soit en effet composé d'une double membrane; sur la base du bec supérieur s'élève une caroncule charnue, de forme conique, et sillonnée par des rides transversales assez profondes : cette caroncule n'a guère plus d'un pouce de hauteur dans son état de contraction ou de repos, c'est-à-dire lorsque le dindon, ne voyant autour de lui que les objets auxquels il est accoutumé, et n'éprouvant aucune agitation intérieure, se promène tranquillement en prenant sa pâture; mais si quelque objet étranger se présente inopinément, si, dans la saison des amours, la femelle vient à paraître, cet oiseau, qui n'a rien dans son port ordinaire, que d'humble et de

simple, change tout à coup. Il se rengorge avec
fierté ; sa tête et son cou se gonflent ; la caroncule
conique se déploie, s'allonge et descend deux ou
trois pouces plus bas que le bec, qu'elle recouvre

FIGURE 30.

Le Dindon.

entièrement ; toutes ces parties charnues se colo-
rent d'un rouge plus vif ; en même temps les
plumes du cou et du dos se hérissent, et la queue
se relève en éventail , tandis que les ailes s'abais-

sent en se déployant jusqu'à traîner par terre ; dans cette attitude, tantôt il va piaffant autour de sa femelle, accompagnant son action d'un bruit sourd, que produit l'air de la poitrine s'échappant par le bec, et qui est suivi d'un long bourdonnement ; tantôt il quitte sa femelle comme pour menacer ceux qui viennent le troubler : dans ces deux cas, sa démarche est grave, et s'accélère seulement dans le moment où il fait entendre son bruit sourd ; de temps en temps il interrompt cette manœuvre, pour jeter un autre cri plus perçant que tout le monde connaît.

La femelle diffère du coq, non seulement en ce qu'elle n'a pas d'éperons aux pieds ni de bouquets de crins dans la partie inférieure du cou, mais elle en diffère encore par les attributs propres au sexe le plus faible dans la plupart des espèces. Elle est plus petite, elle a moins de caractère dans la physionomie, moins de ressort à l'intérieur, moins d'action au dehors. Son cri n'est qu'un accent plaintif ; elle n'a de mouvement que pour chercher sa nourriture ou pour fuir le danger ; enfin la faculté de faire la roue lui a été refusée.

Le dindon, originaire de l'Amérique, est acclimaté en France depuis le seizième siècle ; l'éducation des jeunes dindonneaux exige beaucoup de soins et de précautions, jusqu'à ce qu'ils aient pris le rouge, c'est-à-dire jusqu'au moment où leurs caroncules sont bien développées : passé cette époque, ils réussissent parfaitement dans les fermes.

LA PINTADE.

La Pintade, sans avoir des couleurs riches et éclatantes, a cependant le plumage distingué : c'est un fond gris-bleuâtre plus ou moins foncé, sur lequel sont semées assez régulièrement des taches blanches et arrondies.

FIGURE 31.

La Pintade.

D'un naturel vif, inquiet, criard et turbulent, elle n'aime point à se tenir en place, et sait se rendre maîtresse dans la basse-cour ; elle se fait craindre des dindons mêmes, car elle a plutôt fait dix tours, et donné vingt coups de bec, que ces gros oiseaux n'ont songé à se mettre en défense.

La pintade est du nombre des oiseaux pulvérulateurs , qui cherchent dans la poussière où ils se vautrent , un remède contre l'incommodité des insectes ; elle gratte aussi la terre comme nos poules communes, et va par troupes très nombreuses. Réduite en domesticité , elle multiplie extrêmement ; la poule pintade pond et couve à peu près comme la poule commune ; ses petits s'élèvent sans difficulté , et accompagnent longtemps leur mère, qui ne les perd pas un seul instant de vue , leur apprend à chercher leur nourriture qui consiste en grains et en insectes, et les défend avec courage contre leurs ennemis. Cet oiseau serait une acquisition précieuse pour nos basses-cours, à cause de sa chair qui est très estimée ; mais son cri est si aigu , et devient à la longue si fatigant , que dans la plupart des fermes on a renoncé à en élever.

La pintade est originaire de l'Afrique.

LE FAISAN.

Le Faisan peut en quelque sorte le disputer au paon pour la beauté. Il a le port aussi noble , la démarche aussi fière , et le plumage presque aussi remarquable , mais il n'a pas comme cet oiseau la faculté d'étaler ce beau plumage, ni de relever les longues plumes de sa queue , faculté qui suppose un appareil particulier de muscles moteurs, dont le paon est pourvu et qui manquent au faisan.

Cet oiseau se plaît dans les bois en plaine, et surtout dans ceux qui sont humides ; pendant la nuit il se perche au haut des arbres, et il y dort la tête sous l'aile. Son naturel est très farouche ; le mâle recherche la femelle au mois d'avril ; celle-ci fait son nid à elle seule, choisit pour cela un endroit très fourré, et le compose de matières grossières. La ponte, dans nos climats, n'a lieu qu'une fois par an ; l'incubation dure de vingt à vingt-cinq jours. Les jeunes faisandeaux vivent réunis en troupes jusqu'aux premières gelées ; une fois l'hiver arrivé, tous se séparent : en général, ils ne s'éloignent guère du canton où ils se sont établis. Les faisans ne sont pas rares dans plusieurs forêts de la France.

LE COQ ET LA POULE.

Le Coq est un oiseau pesant dont la démarche est lente et grave, et qui, ayant des ailes fort courtes, ne vole que rarement. Il chante indifféremment la nuit et le jour, mais non pas régulièrement à certaines heures, comme beaucoup de monde le croit. Il gratte la terre pour chercher sa nourriture, il avale autant de petits cailloux que de grains et n'en digère que mieux ; il boit en prenant de l'eau dans son bec, et en levant la tête à chaque fois pour l'avaler. Il dort le plus souvent un pied en l'air, et en cachant sa tête sous l'aile du même côté ; son corps, dans sa situation naturelle, se soutient à peu près parallèle au plan de position, le bec de même ; le cou s'élève verticalement ; le front est orné d'une crête rouge et charnue ; les deux plumes du milieu de sa queue sont beaucoup plus longues que les autres, et se recourbent en arc.

Un bon coq est celui qui a du feu dans les yeux,

de la fierté dans la démarche, de la liberté dans les mouvements, et toutes les proportions qui annoncent la force. Les poules doivent lui être assorties, si l'on veut une race distinguée ; pour cela on doit choisir celles qui ont l'œil éveillé, la crête flottante et rouge, et qui n'ont point d'éperons : quant à la couleur du plumage, les fermières de la Normandie préfèrent les poules noires, comme étant plus fécondes.

FIGURE 32.

Le Coq.

Le coq a beaucoup de soin et même d'inquiétude et de souci pour ses poules ; il ne les perd guère de vue ; il les conduit, les défend ; va chercher celles qui s'écartent, les ramène, et ne prend sa nourriture que lorsqu'il les voit toutes manger autour de lui. A en juger par les différentes inflexions de sa voix et par les différentes expres-

sions de sa mine, on ne peut guère douter qu'il
ne leur parle différents langages. Quand il les
perd, il donne des signes de regrets ; quoique extrêmement jaloux, il n'en maltraite aucune : sa
jalousie ne l'irrite que contre ses concurrents. S'il
se présente un autre coq, sans lui donner le temps
de rien entreprendre, il accourt l'œil en feu, les
plumes hérissées, se jette sur son rival, et lui livre
un combat opiniâtre, jusqu'à ce que l'un ou l'autre
succombe, ou que le nouveau venu lui cède le
champ de bataille.

De cette antipathie invincible que la nature a
établie entre un coq et un coq, certains peuples
ont tiré parti pour se procurer un amusement bar-
bare. Ils ont cultivé cette haine innée avec tant
d'art, que les combats de deux oiseaux de basse-
cour sont devenus des spectacles fort recherchés :
on a vu des hommes de tous états accourir en foule
à ces grotesques tournois, se diviser en deux partis,
chacun de ces partis s'échauffer pour son combat-
tant, joindre la fureur des gageures les plus ou-
trées à l'intérêt d'un si beau spectacle, et le dernier coup de bec de l'oiseau vainqueur renverser
la fortune de plusieurs familles.

Les poules sont en état de produire à l'âge de
six ou huit mois ; leur fécondité ordinaire consiste
à pondre presque tous les jours, excepté pendant
la mue qui dure ordinairement six semaines ou deux
mois. Une poule qui vient de pondre, éprouve une
sorte de transport, que partagent les autres poules
qui n'en sont que les témoins, et qu'elles expri-
ment toutes par des cris de joie répétés : on dirait
qu'elles prévoient dès lors tous les plaisirs de la

maternité. Lorsque la poule a pondu vingt-cinq ou trente œufs, elle se met à les couver; si on les lui ôte à mesure, elle en pond encore davantage et s'épuise par sa fécondité même; mais enfin vient un temps où elle demande à couver par un gloussement particulier, par des mouvements et des attitudes non équivoques. Si elle n'a pas ses propres œufs, elle couvera ceux d'une autre poule, et, à défaut de ceux-là, ceux d'une femelle d'une autre espèce, et même des œufs artificiels; elle couvera encore après que tout lui aura été enlevé, et elle se consumera en regrets et en vains mouvements; si ses recherches sont heureuses, et qu'elle trouve des œufs vrais ou feints dans un lieu retiré et convenable, elle se pose aussitôt dessus, les environne de ses ailes, les échauffe de sa chaleur, les remue doucement les uns après les autres, comme pour en jouir plus en détail, et leur communiquer à tous un égal degré de chaleur. Elle se livre tellement à cette occupation, qu'elle en oublie le boire et le manger : on dirait que la Providence lui a fait comprendre toute l'importance de la fonction qu'elle exerce; aucun soin n'est omis, aucune précaution n'est oubliée pour achever l'existence commencée de ces petits êtres, et pour écarter les dangers qui les environnent.

L'effet de l'incubation se borne au développement de l'embryon, qui existe tout formé dans la cicatricule de l'œuf fécondé. Voici à peu près l'ordre dans lequel s'opère ce développement.

Dès que l'œuf a été couvé pendant cinq ou six heures, on voit déjà distinctement la tête du poulet, jointe à l'épine du dos, nageant dans la liqueur dont la bulle, qui est au centre de la cicatricule, est remplie ; sur la fin du premier jour , la tête s'est déjà recourbée en grossissant.

Dès le second jour, on voit les premières ébauches des vertèbres, qui sont comme de petits globules disposés des deux côtés du milieu de l'épine ; on voit aussi paraître le commencement des ailes, et les vaisseaux ombilicaux remarquables par leur couleur obscure ; le cou et la poitrine se débrouillent , la tête grossit toujours ; on y aperçoit les premiers linéaments des yeux et trois vésicules, entourées , ainsi que l'épine , de membranes transparentes : la vie du fœtus devient plus manifeste ; déjà l'on voit son cœur battre et son sang circuler.

Le troisième jour, tout est plus distinct. Ce qu'il y a de plus remarquable , c'est le cœur qui pend hors de la poitrine et bat trois fois de suite ; on aperçoit aussi des veines et des artères sur les vésicules du cerveau ; les rudiments de la moelle épinière commencent à s'étendre le long des vertèbres ; enfin, on voit tout le corps du fœtus comme enveloppé d'une partie de la liqueur environnante, qui a pris plus de consistance que le reste.

Les yeux sont déjà fort avancés le quatrième jour ; on y reconnaît fort bien la prunelle, le cristallin , l'humeur vitrée ; on voit outre cela dans la tête cinq vésicules remplies d'humeur , lesquelles se rapprochant, et se recouvrant peu à peu les jours suivants , formeront enfin le cerveau enveloppé de toutes ses membranes ; les ailes croissent, les cuisses commencent à paraître , et le corps à prendre de la chair.

8.

Les progrès du cinquième jour consistent en ce que tout le corps se recouvre d'une chair onctueuse, que le cœur est retenu au-dedans par une membrane fort mince qui s'étend sur la capacité de la poitrine et que l'on voit les vaisseaux ombilicaux sortir de l'abdomen.

Le sixième jour, la moelle épinière, s'étant divisée en deux parties, continue de s'avancer vers le tronc ; le foie, qui était blanchâtre auparavant, est devenu de couleur obscure ; le cœur bat dans ses deux ventricules ; le corps du poulet est recouvert de la peau, et sur cette peau l'on voit déjà poindre les plumes.

Le bec est facile à distinguer le septième jour ; le cerveau, les ailes, les cuisses et les pieds ont acquis leur figure parfaite. Le poumon paraît à la fin du neuvième jour ; le dixième jour, les muscles des ailes achèvent de se former, les plumes continuent de sortir ; ce n'est que le onzième jour qu'on voit des artères, qui auparavant étaient éloignées du cœur, s'y attacher, et que cet organe se trouve parfaitement conformé.

Le reste n'est qu'un développement plus grand des parties, qui se fait jusqu'à ce que le poulet casse sa coquille, ce qui arrive ordinairement le vingt-unième jour, quelquefois le dix-huitième, d'autres fois le vingt-septième.

Toute cette suite de phénomènes est l'effet de l'incubation opérée par une poule ; mais cette tendre mère qui a montré tant d'ardeur pour couver, qui a couvé avec tant d'assiduité, ne se refroidit point lorsque ses poussins sont éclos ; son attachement, fortifié par la vue de ces petits êtres qui lui doivent la naissance, s'accroît encore tous les jours, par les nouveaux soins qu'exige leur faiblesse. Sans cesse occupée d'eux, elle ne cherche de la nourriture que pour eux ; si elle n'en trouve point, elle gratte la terre avec ses ongles pour lui arracher les aliments qu'elle recèle dans son sein, et elle s'en prive en leur faveur ; elle les rappelle lorsqu'ils s'égarent, les met sous ses ailes à l'abri des intempéries, et les couve une seconde fois ; elle se livre à ces tendres soins avec tant d'ardeur et de souci, que sa constitution en est visiblement altérée, et qu'il est facile de distinguer de toute autre poule une mère qui mène ses petits, soit à ses plumes hérissées et à ses ailes traînantes, soit au son enroué de sa voix, et à ses différentes inflexions, toutes expressives, et ayant toutes une forte empreinte de sollicitude et d'affection maternelle.

Mais si elle s'oublie elle-même pour conserver ses petits, elle s'expose à tout pour les défendre : paraît-il un épervier dans l'air, cette mère si faible, si timide, et qui, en toute autre circonstance, chercherait son salut dans la fuite, devient intrépide par tendresse ; elle s'élance au devant de la serre redoutable, et par ses cris redoublés, ses battements d'aile et son audace, elle impose souvent à l'oiseau ravisseur qui, rebuté d'une résistance imprévue, s'éloigne et va chercher une proie plus facile.

Un des instincts les plus singuliers de la poule est celui-ci : si par hasard on lui a donné à couver des œufs de cane ou de tout autre oiseau de rivière, son affection n'est pas moindre pour ces étrangers qu'elle ne le serait pour ses propres poussins ; elle ne voit pas qu'elle n'est que leur nourrice, et lorsqu'ils vont, guidés par leur instinct, s'ébattre ou se plonger dans la rivière voisine, c'est un spectacle curieux de voir la surprise, les inquiétudes, les transes de cette pauvre nourrice, qui se croit encore mère, et qui, pressée du désir de les suivre au milieu des eaux, mais retenue par une répugnance invincible pour cet élément, s'agite incertaine sur le rivage, tremble et se désole, voyant toute sa couvée dans un péril évident, sans oser lui donner de secours.

Les poules peuvent subsister partout avec la protection de l'homme, aussi sont-elles répandues dans tout le monde habité ; on les rencontre sous tous les climats, depuis la zone torride jusqu'en Islande : la Perse est regardée comme leur climat primitif.

LA PERDRIX GRISE.

Cet oiseau se plaît dans les pays à blé ; il aime la pleine campagne et ne se réfugie dans les taillis et les vignes que lorsqu'il est poursuivi par le chasseur ou par l'oiseau de proie : jamais il ne s'enfonce dans les forêts. Les perdrix commencent à s'apparier dès la fin de l'hiver, après les grandes gelées ; les couples, une fois assortis, ne se quittent plus, à moins qu'il ne survienne après la pariade des froids très vifs, auquel cas toutes les paires se réunissent et se reforment en compagnie.

Les perdrix grises ne s'accouplent guère en France que sur la fin de mars, plus d'un mois

après qu'elles ont commencé de s'apparier, et elles
ne se mettent à pondre que dans le mois de mai ou
même de juin, lorsque l'hiver a été long. En général, elles font leur nid sans beaucoup de soins et
d'apprêts ; un peu d'herbe et de paille grossièrement arrangées leur suffisent : elles pondent ordinairement de quinze à vingt œufs.

La femelle se charge seule de couver, et pendant

FIGURE 33.

La Perdrix grise.

ce temps elle éprouve une mue considérable, car
presque toutes les plumes du ventre lui tombent.
Le mâle, reconnaissable au fer à cheval qui orne
le bas de sa poitrine, se tient ordinairement à portée du nid, attentif à sa femelle, et toujours prêt à
l'accompagner lorsqu'elle se lève pour aller chercher sa nourriture.

Les petits courent au moment même qu'ils éclosent ; le mâle alors partage avec la mère le soin de

les élever. Ils les mènent en commun, les appellent sans cesse, leur montrent la nourriture qui leur
convient, et leur apprennent à se la procurer, en
grattant la terre avec leurs ongles. Il n'est pas rare
de les trouver accroupis l'un auprès de l'autre, et
couvrant de leurs ailes leurs petits poussins, dont
les têtes sortent de tous côtés avec des yeux fort
vifs ; dans ce cas, le père et la mère se déterminent
difficilement à partir ; mais enfin, si un chien les
approche de trop près, c'est toujours le mâle qui
part le premier en poussant des cris particuliers. Il
ne manque guère de se poser à trente ou quarante
pas, et on en a vu plusieurs fois revenir sur le chien
en battant des ailes, tant l'amour paternel inspire
de courage même aux animaux les plus timides !
Mais quelquefois il inspire encore à ceux-ci une
sorte de prudence et des moyens combinés pour
sauver leur couvée : le mâle, après s'être présenté à
l'agresseur, prend la fuite ; mais fuit pesamment et
en traînant l'aile, comme pour attirer l'ennemi par
l'espérance d'une proie facile, et, fuyant toujours
assez pour n'être point pris, mais pas assez pour
décourager le chasseur, il l'écarte de plus en plus
de la couvée ; d'autre côté, la femelle qui part un
instant après le mâle, s'éloigne beaucoup plus et
toujours dans une autre direction ; à peine s'est-
elle abattue, qu'elle revient sur-le-champ en courant le long des sillons, et s'approche de ses petits,
qui se sont blottis chacun de son côté dans les herbes et dans les feuilles ; elle les rassemble prompte-
ment, et avant que le chien qui s'est emporté après
le mâle ait eu le temps de revenir, elle les a déjà em-
menés fort loin.

La première nourriture des perdreaux, ce sont les œufs de fourmis, les petits insectes, qu'ils trouvent sur la terre et les herbes. Ce n'est qu'à trois mois passés qu'ils poussent le rouge, époque critique qui annonce déjà l'âge adulte. Avant ce temps, ils sont délicats, ont peu d'aile et craignent beaucoup l'humidité ; mais après qu'il est passé, ils deviennent robustes, commencent à voler aisément, à partir tous ensemble, à ne se plus quitter, et si on est parvenu à disperser la compagnie, ils savent bientôt la reformer, et se réunissent en se rappelant, malgré toutes les précautions du chasseur.

Les perdrix grises sont des oiseaux sédentaires qui non seulement restent dans le même pays, mais qui s'écartent le moins qu'ils peuvent du canton où ils ont passé leur jeunesse et qui y reviennent toujours. On ignore la durée précise de leur vie.

LA PERDRIX ROUGE.

La perdrix rouge se tient de préférence sur les collines et les montagnes où croissent les bruyères ; on la trouve aussi dans les broussailles d'où on la fait lever difficilement. Cet oiseau vole pesamment et avec effort ; on peut le reconnaître aisément au seul bruit qu'il fait avec ses ailes, en prenant sa volée ; suivi de près et poussé vivement, il se réfugie dans les bois.

Les perdrix rouges diffèrent encore des perdrix grises ; ainsi elles ne partent point ensemble, ne vont pas toutes du même côté, et ne se rappellent pas ensuite avec le même empressement : lorsque

la femelle est occupée à couver, le mâle la quitte
et la laisse seule chargée du soin de la famille.

Les perdrix rouges sont plus communes que les
perdrix grises dans certaines contrées de la France.

LA CAILLE.

Les cailles nous arrivent dans les premiers jours
de mai ; et , à peine descendues dans nos campagnes, elles se mettent de suite à pondre. Chaque
femelle dépose de quinze à vingt œufs, dans un
nid garni d'herbes et de feuilles , qu'elle a creusé

FIGURE 34.

La Caille.

en terre, au milieu des prairies artificielles ; ces
œufs sont mouchetés de brun sur un fond grisâtre ; elle les couve pendant environ trois semaines.

Les cailletaux sont en état de courir presque en
sortant de la coque, ainsi que les perdreaux , mais

ils quittent leur mère beaucoup plus tôt ; il ne leur faut que quatre mois pour prendre leur accroissement, et se trouver en état de suivre leurs pères et mères dans leurs voyages, au commencement de l'automne.

La femelle diffère du mâle par sa poitrine qui est blanchâtre, parsemée de taches noires et presque rondes, tandis que le mâle l'a roussâtre sans mélange d'autres couleurs. Ils ont l'un et l'autre deux cris, l'un plus éclatant et plus fort, l'autre plus faible.

Les cailles se nourrissent de blé, de millet, d'herbes et d'insectes ; elles sont un des mets les plus délicats que l'on connaisse, et en même temps l'un des gibiers les plus faciles à tirer, pourvu toutefois qu'on ne se presse pas trop, et qu'on les laisse filer.

CHAPITRE V.

LES ÉCHASSIERS.

Les échassiers, ainsi que leur nom l'indique, sont caractérisés par la hauteur de leurs jambes, sur lesquelles ils sont montés comme sur des échasses. Leur queue est très courte. La plupart des oiseaux de cet ordre fréquentent le bord des eaux, pour y chercher leur nourriture. A ce groupe appartiennent l'autruche, le casoar, le pluvier, la cigogne, la grue, le héron, la bécasse, les râles, les poules d'eau et le flammant.

L'AUTRUCHE.

L'autruche est un oiseau très anciennement connu, car il en est fait mention dans le plus ancien des livres, dans la Bible, et les écrivains sacrés ont tiré plusieurs comparaisons de ses mœurs et de ses habitudes. Cet oiseau, à vrai dire, n'a point d'ailes, puisque les plumes qui sortent de ses ailerons sont toutes effilées, décomposées, et

que leurs barbes sont de longues soies détachées
les unes des autres, et ne pouvant faire corps ensemble pour frapper l'air avec avantage, ce qui est la
principale fonction des plumes de l'aile ; celles de
la queue sont aussi de la même structure, et ne

FIGURE 35.

L'Autruche.

peuvent, par conséquent, opposer à l'air une résistance convenable ; elles ne sont pas même dispo-
sées pour pouvoir gouverner le vol, en s'étalant ou
se resserrant à propos, et en prenant différentes
inclinaisons ; toutes ces plumes sont de la même es-

pèce, toutes ont pour barbes des filets détachés,
sans consistance, sans adhérence réciproque; en un
mot, toutes sont inutiles pour voler ou pour diriger
le vol; aussi l'autruche est attachée à la terre
comme par une double chaîne, son excessive pesanteur et la conformation de ses ailes. Elle est destinée à en parcourir la surface, sans pouvoir jamais s'élever dans l'air.

Les autruches vivent par troupes dans les déserts
de l'Afrique; prises jeunes, elles s'apprivoisent aisément, deviennent dociles à la voix de leur maître et
d'une agréable familiarité. Lorsque le temps de l'ap-
pariage est venu, le mâle prend des compagnes (1) :
quelquefois il n'en a que deux, mais il n'est pas
rare qu'il en rassemble jusqu'à six. Toutes les femelles d'un même mâle pondent dans le même
nid, et partagent les soins de l'incubation. Le nid
est creusé dans la terre, et le produit de l'excava-
tion sert à rehausser les bords. Les œufs y sont déposés très habilement pour ménager l'espace et conserver la chaleur; le petit bout est dirigé vers le
centre et l'autre vers le contour. Chaque femelle
couve à son tour durant la journée; pendant la
nuit, c'est le mâle qui prend leur place lorsqu'il
ne s'agit pas seulement d'entretenir la chaleur,
mais de défendre les œufs ou les petits nouvellement
éclos, contre les chacals, les chats-tigres et autres
bêtes féroces.

Un nid contient quelquefois jusqu'à soixante
œufs; mais le plus souvent on n'y trouve que la
ponte de deux femelles, c'est-à-dire de vingt-quatre

______

(1) *Magasin pittoresque*, année 1833, page 124.

à trente œufs. L'incubation n'interrompt pas toujours la ponte, mais les œufs tardifs ne sont pas déposés dans le nid : les couveuses les mettent à part, et les réservent comme un premier aliment pour les poussins au sortir de la coquille; la durée de l'incubation est de trente-six à quarante jours, suivant la température de la saison.

On estime qu'un œuf d'autruche équivaut à un quarteron d'œufs de poule, c'est un aliment que les gourmets eux-mêmes ne dédaignent pas.

La chasse de l'autruche est une occupation principale pour les colons du cap de Bonne-Espérance, qui trouvent de grands bénéfices dans le commerce des plumes de cet oiseau ; ils n'épargnent ni dépenses ni fatigues pour atteindre leur but ; en revanche, l'autruche lutte d'adresse, de vigilance et de célérité, et il ne lui faut pas moins que toutes ces ressources réunies, pour résister à la guerre acharnée qu'on lui fait. Des cavaliers montés sur d'excellents chevaux environnent un grand espace, se renvoient l'un à l'autre les pauvres oiseaux qu'ils mettent en fuite, et lorsqu'ils les ont fait tomber de lassitude, ils s'en approchent et les assomment à coups de bâton. Le fusil est banni de ces expéditions, de peur qu'une balle mal avisée ne brise quelques plumes ou que du sang répandu ne souille la riche parure de la queue des mâles, objet principal de la convoitise des chasseurs.

Le Muséum d'histoire naturelle de Paris possède plusieurs autruches, qui ont fort bien résisté à notre climat depuis quelques années.

9.

LE CASOAR.

Le Casoar, sans être aussi gros que l'autruche, paraît plus massif, parce que, avec un corps d'un volume presque égal, il a le cou et les pieds moins longs et beaucoup plus gros à proportion, et la partie antérieure du corps plus renflée, ce qui lui donne un air plus lourd.

FIGURE 36.

Le Casoar.

Le trait le plus remarquable dans la figure du casoar est cette espèce de casque conique, noir par devant, jaune dans tout le reste, qui s'élève sur le front, depuis la base du bec jusqu'au milieu du sommet de la tête et quelquefois au-delà ; ce casque est formé par le renflement des os du crâne en cet endroit, et il est recouvert d'une enveloppe dure, composée de plusieurs couches concentriques et dont la substance est analogue à celle de la corne de bœuf ; sa forme est à peu près celle d'un cône tronqué.

Le casoar a les ailes encore plus petites que l'autruche et tout aussi inutiles pour le vol ; en revanche, il devance à la course les animaux terrestres même les plus légers.

Cet oiseau habite la partie orientale de l'Asie ; son domaine commence, pour ainsi dire, là où finit celui de l'autruche qui n'a jamais beaucoup dépassé le Gange, mais il s'en faut bien que cette espèce soit aussi multipliée : elle est rare dans la plupart des cabinets d'histoire naturelle.

L'OUTARDE.

L'Outarde est granivore ; elle vit d'herbes, de grains, de toutes sortes de semences, et surtout de vers de terre. Dans la saison des amours, le mâle va piaffant autour de la femelle, et fait une espèce de roue avec sa queue. Cet oiseau ne construit pas de nid, mais il creuse seulement un trou en grattant la terre, et y dépose ses deux œufs qu'il couve pendant trente jours. Quoique fort grosses, les outardes sont des animaux craintifs, et qui paraissent n'avoir ni le sentiment de leur propre force, ni l'instinct de l'employer ; elles s'assemblent quelquefois par troupes de cinquante ou soixante, et ne sont pas plus rassurées par leur nombre, que par leur force et leur grandeur ; la moindre apparence de danger, ou plutôt la moindre nouveauté les effraye, et elles ne pourvoient guère à leur conservation que par la fuite. Elles courent fort vite en battant des ailes, lorsqu'elles sont chassées, et font plusieurs lieues de suite sans s'arrêter ; mais comme elles ne prennent leur vol que difficilement, et seulement lorsqu'elles sont portées par un vent favorable, on conçoit aisément que les levriers et les chiens courants les peuvent forcer.

L'outarde est très commune en Angleterre ; en France, on la voit passer régulièrement au printemps et en automne, mais par petites troupes qui ne se posent guère que sur les lieux les plus élevés. Leur chair est un très bon manger.

LES PLUVIERS.

Les Pluviers se montrent par troupes nombreuses en France, pendant les pluies d'automne, aussi ont-ils emprunté leur nom de leur arrivée dans cette saison pluvieuse, de même que les vanneaux et les courlis, avec lesquels ils ont beaucoup d'analogie. Ils fréquentent les fonds humides et les terres limoneuses, où ils cherchent des vers et des insectes ; ils frappent la terre avec leurs pieds pour les faire paraître, et ils les saisissent souvent même avant qu'ils ne soient sortis de leur retraite.

Rarement les pluviers se tiennent plus de vingt-quatre heures dans le même lieu ; comme ils sont en très grand nombre, ils ont bientôt épuisé la pâture vivante qu'ils viennent y chercher ; dès lors, ils sont obligés de passer à un autre terrain, et les

premières neiges les forcent de quitter nos contrées
et de gagner des climats plus tempérés. Suivant
Belon, leurs plus petites bandes sont au moins de
cinquante ; lorsqu'ils sont à terre, ils ne se tiennent
pas en repos ; sans cesse occupés à chercher leur
nourriture, ils sont presque toujours en mouvement ; plusieurs font sentinelle pendant que le gros
de la troupe se repaît, et au moindre danger, ils
jettent un cri aigu qui est le signal de la fuite. En
volant ils suivent le vent, et l'ordre de leur marche
est assez singulier ; ils se rangent sur une ligne en
largeur, et volent ainsi de front.

A terre, ces oiseaux courent beaucoup et très
vite ; ils demeurent attroupés tout le jour, et ne se
séparent que pour passer la nuit ; ils se dispersent
le soir sur un certain espace où chacun gîte à part,
mais dès le point du jour, le premier éveillé ou le
plus soucieux, peut-être même la sentinelle, jette
le cri de réclame, *hieu*, *hieu*, *huit*, et dans l'instant tous les autres se rassemblent à cet appel ;
c'est le moment qu'on choisit pour leur faire la
chasse. Les pluviers sont regardés comme un bon
gibier.

LA CIGOGNE.

L'espèce la plus commune en Europe est la Cigogne blanche. Cet échassier choisit nos habitations
pour domicile ; elle s'établit sur les tours, sur les
cheminées et sur le comble des édifices. Amie de
l'homme, elle en partage le séjour et même le domaine ; elle pêche dans nos rivières, chasse dans

nos jardins, se place au milieu des villes, sans s'effrayer de leur tumulte; et partout, hôte respecté et bienvenu, elle paie par des services le tribut qu'elle doit à la société; plus civilisée, elle est aussi plus féconde, plus nombreuse, et plus généralement répandue que la cigogne noire, qui paraît confinée dans certains pays et toujours dans les lieux solitaires.

FIGURE 37.

La Cigogne.

La cigogne a le vol puissant et soutenu comme tous les oiseaux qui ont les ailes très longues et la queue courte; elle porte en volant la tête raide en avant, et les pattes étendues en arrière, comme pour lui servir de gouvernail; elle s'élève fort haut et fait de très longs voyages, même dans les saisons orageuses. Elle marche comme la grue en jetant les pieds en avant par grands pas mesurés;

lorsqu'elle s'irrite ou s'inquiète, elle fait claqueter son bec d'un bruit sec et réitéré ; elle renverse alors la tête de manière que la mandibule inférieure se trouve en haut et que le bec est couché presque parallèlement sur le dos. C'est dans cette situation que les deux mandibules battent vivement l'une contre l'autre ; mais à mesure que l'oiseau redresse le cou, le claquement se ralentit, et finit lorsqu'il a repris sa position naturelle. Au reste, ce bruit est le seul que la cigogne fasse entendre.

Dans l'attitude du repos, elle se tient sur un pied, le cou replié, la tête en arrière et couchée sur l'épaule ; elle guette les mouvements de quelques reptiles qu'elle fixe d'un œil perçant. Les grenouilles, les lézards, les couleuvres et les petits poissons sont la proie qu'elle va cherchant dans les marais, ou sur le bord des eaux, et dans les vallées humides. La cigogne pond de deux à quatre œufs, d'un blanc sale et jaunâtre. Le mâle les couve dans le temps que la femelle va chercher sa pâture ; les œufs éclosent au bout d'un mois ; le père et la mère redoublent alors d'activité pour porter la nourriture à leurs petits, qui la reçoivent en se dressant, et en rendant une espèce de sifflement. Le père et la mère ne s'éloignent jamais du nid tous deux ensemble, et tandis que l'un est à la chasse, on voit l'autre se tenir aux environs, debout sur une jambe et l'œil toujours à ses petits. Ceux-ci, dans le premier âge, sont couverts d'un duvet brun ; n'ayant pas encore assez de force pour se soutenir sur leurs jambes minces et grêles, ils se traînent dans le nid sur leurs genoux. Dès que leurs ailes commencent à croître, ils s'exercent à voleter au-dessus du nid ; et lorsqu'ils osent se hasarder dans les airs, la mère les conduit et les exerce par de petits vols circulaires autour du nid, où elle les ramène ; enfin, les jeunes cigognes déjà fortes prennent leur essor avec les plus âgées, dans les derniers jours d'août, saison de leur émigration.

Lorsqu'elles sont assemblées pour le départ, il se fait un grand mouvement dans la troupe ; toutes semblent se chercher, se reconnaître, et se donner l'avis du départ général dont le signal, dans nos contrées, est le vent du nord ; elles s'élèvent toutes ensemble, et en quelques instants se perdent au haut des airs.

Leurs émigrations sont périodiques, elles partent au commencement de l'hiver, et se retirent dans le midi de l'Europe et en Afrique ; chaque année, elles reviennent aux mêmes lieux, et arrivées à leur nid après un long voyage, elles le reconstruisent de nouveau, avec des brins de bois et d'herbes de marais.

Chez les anciens, c'était un crime de donner la mort à la cigogne, ennemie des espèces nuisibles.

LA GRUE.

De tous les oiseaux voyageurs, c'est la grue qui entreprend et exécute les courses les plus lointaines et les plus hardies ; originaire du nord, elle visite les régions tempérées et s'avance dans celles du midi ; on la voit dans toute l'Europe septentrionale ; en automne elle vient s'abattre sur nos plaines marécageuses et nos terres ensemencées, puis

elle se hâte de passer dans des climats plus méri-
dionaux , d'où, revenant avec le printemps, on la
revoit s'enfoncer de nouveau dans les contrées du
nord et parcourir ainsi un cercle de voyage avec le
cercle des saisons.

Les grues portent leur vol très haut, et se mettent en ordre pour voyager ; elles forment un trian-
gle à peu près isocèle , comme pour fendre l'air
plus aisément. Quand le vent augmente et menace de les rompre, elles se resserrent en cercle ,
ce qu'elles font aussi quand l'aigle les attaque. Leur
passage a lieu le plus souvent dans la nuit. Le chef
alors fait entendre fréquemment une voix de réclame pour avertir de la route qu'il tient ; elle est
répétée par la troupe où chacune répond , comme
pour faire connaître qu'elle suit et garde la ligne.

Les cris des grues , dans le jour, indiquent la
pluie ; des clameurs plus bruyantes et comme tumul-
tueuses annoncent la tempête ; si le matin ou le
soir, on les voit s'élever et voler paisiblement en
troupes, c'est un indice de sérénité ; au contraire ,
si elles pressentent l'orage , elles baissent leur vol
et s'abattent sur la terre. La grue a , comme tous
les grands oiseaux , excepté ceux de proie, quelque
peine à prendre son essor : elle court plusieurs pas,
ouvre les ailes, s'élève peu d'abord, jusqu'à ce que,
étendant son vol, elle déploie une aile puissante et
rapide.

A terre , les grues rassemblées établissent une
garde pendant la nuit ; la troupe dort, la tête cachée
sous l'aile ; mais le chef veille la tête haute, et si
quelque objet le frappe , il en avertit par un cri.

Les grues se montrent dans toutes les contrées et

se transportent dans tous les climats ; les premiers froids de l'automne les avertissent de la révolution de la saison, elles partent alors pour changer de ciel. Celles du Danube et de l'Allemagne passent sur l'Italie. Dans nos provinces de France, elles paraissent en automne, mais la plupart ne font que passer rapidement et ne s'arrêtent point ; elles reviennent au premier printemps, en mars et avril.

Les grues ne pondent que deux œufs ; les petits sont à peine élevés qu'arrive le temps du départ, et leurs premières forces sont employées à suivre leurs père et mère dans leurs voyages.

Le port de la grue est droit et sa figure est élancée : tout le champ de son plumage est d'un beau cendré clair-ondé, excepté les pointes des ailes et la coiffure de la tête : le bec est droit, pointu, d'un noir verdâtre, blanchissant à la pointe ; le devant des yeux, le front et le crâne sont couverts d'une peau chargée de poils noirs assez rares pour la laisser voir comme à nu.

LA GRUE COURONNÉE, OU OISEAU ROYAL DE NUMIDIE.

Cette grue doit son nom à l'espèce de couronne qu'un bouquet de plumes ou plutôt de soies épanouies lui forme sur la tête ; de belles plumes d'un noir plombé avec reflets bleuâtres, pendent le long de son cou, et s'étalent sur les épaules et le dos ; les premières plumes de l'aile sont noires, et les autres longues et effilées, coupent et relèvent,

de deux grandes plaques blanches, le fond
sombre du manteau : un large oreillon d'une peau

FIGURE 38.

La Grue couronnée ou Oiseau royal.

membraneuse d'un beau blanc sur la tempe, d'un
vif incarnat sur la joue, enveloppe la face et
descend jusque sous le bec. Une toque de duvet

noir, fin et serré comme du velours, couvre le front, dont la belle aigrette est une houppe épaisse fort épanouie et composée de brins touffus de couleur isabelle, aplatis et filés en spirale; le bec est noir, ainsi que les pieds et les jambes, qui sont encore plus hautes que celles de la grue, avec laquelle cet oiseau a beaucoup de rapport.

L'Afrique, et particulièrement la Guinée, sont les contrées qu'habite la grue couronnée.

LE HÉRON.

A ne juger cet oiseau que par l'extérieur, il nous présente l'image d'une vie de souffrance, d'anxiété et d'indigence. Le Héron, en effet, n'ayant que l'embuscade pour tout moyen d'industrie, passe des heures, des jours entiers à la même place, immobile, au point de laisser douter si c'est un être animé; il paraît comme endormi, posé sur une pierre, le corps presque droit et sur un seul pied; le cou replié le long de la poitrine et du ventre; la tête et le bec couchés entre les épaules qui se haussent et excèdent de beaucoup la poitrine; et s'il change d'attitude, c'est pour en prendre une encore plus contrainte en se mettant en mouvement : il entre dans l'eau jusqu'au dessus du genou, la tête entre les jambes, pour guetter au passage une grenouille, un poisson. Une telle vie paraît bien chétive et bien misérable; mais si l'on songe que le héron est doué d'une patience à toute épreuve, d'une sobriété capable de supporter de longs jeûnes, qu'il est insensible à toutes les intempéries de l'air, et que son coup de bec est assez sûr et assez prompt pour atteindre et frapper une proie qui passe comme un éclair, on cessera de s'apitoyer sur son sort, et dans l'existence de cet animal on verra une nouvelle preuve de la sollicitude de la Providence qui n'abandonne jamais ses créatures.

Le héron prend beaucoup de grenouilles, il les avale tout entières, mais sa nourriture ordinaire est le poisson. Au moyen de ses longues jambes, il peut entrer dans l'eau de plus d'un pied sans mouiller ses plumes; ses doigts sont d'une longueur excessive; l'ongle qui termine celui du milieu est dentelé, et lui fait un appui et un crampon pour s'accrocher aux racines qui traversent la vase, sur laquelle il se soutient au moyen de ses longs doigts étendus. Son bec est armé de dentelures tournées en arrière, par lesquelles il retient le poisson glissant. Son cou se plie souvent en deux, et il semblerait que ce mouvement s'exécute au moyen d'une charnière; il est conformé de manière que la partie qui tient à la poitrine se roidit, et celle qui tient à la tête se joint en demi-cercle sur l'autre, ou s'y applique de façon que le cou, la tête et le bec sont pliés en trois l'un sur l'autre; l'oiseau redresse brusquement et comme par un ressort la moitié repliée, et lance son bec comme un javelot; en étendant le cou de toute sa longueur, il peut atteindre au moins à trois pieds à la ronde; enfin, dans un parfait repos, ce cou si démesurément long, est comme effacé et perdu dans les épaules auxquelles la tête paraît jointe. Ses ailes pliées ne débordent pas la queue, qui est très courte.

10.

Pour voler, il roidit ses jambes en arrière, renverse le cou sur le dos, et le plie en trois parties y compris la tête et le bec; il déploie des ailes plus grandes à proportion que celles d'aucun oiseau de proie; ces ailes sont fort concaves et frappent l'air par un mouvement égal et réfléchi; aussi le héron se porte-t-il très haut et disparaît-il dans la région des nuages.

L'espèce commune paraît s'être répandue dans presque tous les pays. Nulle espèce n'est plus solitaire, moins nombreuse dans les pays habités, et plus isolée dans chaque contrée, mais en même temps aucune ne s'est portée plus loin dans des climats opposés : le héron est commun aux deux continents.

LA BÉCASSE.

La Bécasse est peut-être de tous les oiseaux de passage celui dont les chasseurs font le plus de cas, tant à cause de l'excellence de sa chair, que de la facilité qu'ils trouvent à se saisir de cet oiseau stupide, qui arrive dans nos bois vers le mois d'octobre, en même temps que les grives. La bécasse descend alors des hautes montagnes, où elle habite pendant l'été, et d'où les premiers frimas déterminent son départ, et nous l'amènent.

Les bécasses arrivent la nuit et quelquefois le jour, par un temps sombre, toujours une à une ou deux ensemble, et jamais en troupes. Elles s'abattent dans les grandes haies, dans les taillis, dans les futaies, et préfèrent les bois où il y a beaucoup de terreau et de feuilles tombées ; elles s'y tiennent retirées et tapies tout le jour, et tellement cachées qu'il faut des chiens pour les faire lever, et souvent elles partent sous les pieds du chasseur ; elles quittent ces endroits fourrés et le fort du bois à l'entrée de la nuit, pour se répandre dans les clairières en suivant les sentiers ; elles cherchent les terres molles , les pâtis humides sur la rive du bois et les petites mares , où elles vont se laver le bec et les pieds, qu'elles se sont remplis de terre en cherchant leur nourriture.

La bécasse bat des ailes avec bruit en partant , elle file assez droit dans une futaie , mais dans les taillis elle est obligée de faire souvent le crochet. Elle plonge en volant derrière les buissons pour se dérober à l'œil du chasseur; son vol, quoique rapide, n'est ni élevé ni longtemps soutenu ; elle s'abat avec tant de promptitude , qu'elle semble tomber comme une masse abandonnée à toute sa pesanteur ; peu d'instants après sa chute, elle court avec vitesse ; mais bientôt elle s'arrête , élève sa tête, regarde de tous côtés pour se rassurer avant d'enfoncer son bec en terre , et lorsqu'on croit la trouver où elle s'est abattue , elle a déjà fui à une grande distance.

Ses allures et ses mouvements ne sont jamais si vifs qu'à la nuit tombante et à l'aube du jour. Peu de temps après le coucher du soleil, surtout par les vents doux du sud et du sud-ouest , ces oiseaux ne manquent pas d'arriver un à un ou deux ensemble, et de s'abattre auprès des mares ou des flaques d'eau dans les bois, où le chasseur à l'affût les tire presque à coup sûr. Au reste , on reconnaît les

lieux que hante la bécasse à ses fientes qui sont de
larges fécules blanches et sans odeur : pour l'attirer sur les pâtis où il n'y a point de sentier , on y
trace des sillons ; elle les suit , cherchant des vers
dans la terre remuée, et donne en même temps dans
les collets ou lacets qu'on a disposés le long du sillon.

C'est à la fin de l'hiver , c'est-à-dire au mois de
mars, que presque toutes les bécasses quittent nos
plaines pour retourner sur leurs montagnes. On
voit ces oiseaux au printemps partir appariés ; ils
volent alors rapidement et sans s'arrêter pendant
la nuit ; mais le matin, ils se cachent dans les bois
pour y passer la journée, et en partent le soir pour
continuer leur route. Tout l'été, ils se tiennent dans
les lieux les plus solitaires et les plus élevés des
montagnes où ils nichent.

La bécasse fait son nid par terre , comme tous
les oiseaux qui ne perchent pas. Ce nid est composé
de feuilles ou d'herbes sèches , entremêlées de petits brins de bois ; le tout est rassemblé sans art et
amoncelé contre un tronc d'arbre ou sous une
grosse racine ; on y trouve quatre ou cinq œufs
oblongs un peu plus gros que ceux du pigeon commun ; ils sont d'un gris roussâtre marbré d'ondes
plus foncées et noirâtres. Lorsque les petits sont
éclos , ils quittent le nid et courent , quoique encore couverts de poil follet ; ils commencent même
à voler avant d'avoir d'autres plumes que celles
des ailes.

L'espèce de la bécasse est généralement répandue ;
on la trouve dans les contrées du midi comme dans
celles du nord , dans l'ancien et dans le nouveau
monde.

LA BÉCASSINE.

La bécassine a , comme la bécasse , le bec très long , le plumage marbré de même , excepté que le roux s'y mêle moins et que le gris-blanc et le noir y dominent , mais leurs habitudes naturelles sont opposées. La bécassine ne fréquente pas les bois ; elle se tient dans les endroits marécageux des prairies, dans les herbages et les osiers qui bordent les rivières ; elle s'élève très haut en volant, et jette , en prenant son essor, un petit cri court et aigu.

En France les bécassines paraissent en automne; on en voit quelquefois trois ou quatre ensemble , mais le plus souvent on les rencontre seules ; elles partent d'un vol très preste, et après trois crochets elles filent deux ou trois cents pas en pointe et en s'élevant à perte de vue. Il en reste tout l'hiver dans nos contrées, autour des fontaines chaudes et des petits marais voisins de ces fontaines ; au printemps , elles repassent en grand nombre , et il paraît que cette saison est celle de leur arrivée dans plusieurs pays où elles nichent. En France , il n'en reste que quelques unes pendant l'été, et elles nichent dans nos marais. On trouve leur nid en juin: il est placé à terre , sous quelque grosse racine d'aune ou de saule. Il est fait d'herbes sèches et de plumes , et contient quatre ou cinq œufs de forme oblongue, d'une couleur blanchâtre avec des taches rousses.

La bécassine marche pas à pas, la tête haute , sans sautiller ni voltiger , mais on la surprend rarement dans cette situation, car elle se tient soigneusement cachée dans les roseaux et les marais fangeux. Il n'y a pas de tiré plus difficile pour les chasseurs.

LE RÂLE DE GENÊT.

Dans les prairies humides, dès que l'herbe est haute et jusqu'au temps de la récolte, il sort des endroits les plus touffus de l'herbage une voix rauque, ou plutôt un cri bref, aigre et sec, *crék*, *crék*, *crék*. Lorsqu'on s'avance vers cette voix, elle s'éloigne, et on l'entend venir de cinquante pas plus loin. C'est le Râle de genêt qui jette ce cri, qu'on prendrait pour le coassement d'une grenouille. Cet oiseau fuit rarement au vol, mais presque toujours en marchant avec vitesse et passant à travers le plus touffu des herbes. On commence à l'entendre vers le 10 ou le 12 de mai, dans le même temps que les cailles, qu'il semble accompagner en tout temps, car il arrive et repart avec elles ; cette circonstance, jointe à ce que le râle et les cailles habitent également les prairies, que le râle y vit seul, et qu'il est beaucoup moins commun et un peu plus gros que la caille, lui a fait donner le nom de roi des cailles, sans qu'il y ait entre ces oiseaux la moindre analogie de conformation, puisque la caille fait partie des gallinacées, et que le râle appartient aux échassiers.

Lorsque le chien rencontre un râle, on peut le reconnaître à la vivacité de sa quête, au nombre des faux arrêts, à l'opiniâtreté avec laquelle l'oiseau tient, et se laisse quelquefois serrer de si près qu'il se fait prendre ; souvent il s'arrête dans sa fuite et se blottit de sorte que le chien, emporté par son ardeur, passe par-dessus et perd la trace ; le râle, dit-on, profite de cet instant d'erreur de l'ennemi pour revenir sur sa voie et donner le change ; il ne part qu'à la dernière extrémité ; il vole pesamment et ne va jamais loin ; on en voit ordinairement la remise, mais c'est inutilement qu'on va le chercher, car l'oiseau est déjà à plus de cent pas, lorsque le chasseur arrive : il sait donc suppléer par la rapidité de sa marche à la lenteur de son vol, aussi se sert-il beaucoup plus de ses pieds que de ses ailes, et, toujours couvert sous les herbes, il exécute à la course tous ses petits voyages et ses croisières multipliées dans les prés et les champs. Mais quand arrive le temps de l'émigration, il trouve comme la caille des forces inaccoutumées pour supporter les fatigues de sa longue traversée ; il prend son essor la nuit, et, secondé d'un vent propice, il se porte dans nos provinces méridionales, d'où il tente le passage de la Méditerranée.

On ne voit le râle de genêt dans nos provinces méridionales que dans ce temps du passage.

LE RALE D'EAU ET LA MAROUETTE.

Le Râle d'eau court le long des eaux stagnantes aussi vite que le râle de genêt dans les champs ; il se tient de même, toujours caché dans les gran-

des herbes et les joncs ; il n'en sort que pour traverser les eaux à la nage et même à la course, car on
le voit souvent courir légèrement sur les larges feuilles de nénuphar qui couvrent les eaux dormantes. Il
se fait de petites routes à travers les grandes herbes,
mais il est très difficile de le faire partir de son fort.
Il s'y tient avec autant d'opiniâtreté que le râle de
terre dans le sien ; il donne la même peine au
chien, la même impatience au chasseur, devant
lequel il fuit avec ruse, et ne prend son vol que
le plus tard qu'il peut. Il est de la grosseur à peu
près du râle de terre, mais il a le bec plus long,
rougeâtre près de la tête ; il a les pieds d'un rouge
obscur ; la gorge, la poitrine, l'estomac sont d'un
beau gris ardoisé ; le manteau est d'un roux-brun-
olivâtre.

On voit des râles d'eau autour des sources chaudes pendant la plus grande partie de l'hiver ; cependant ils ont, comme les râles de genêt, un
temps de migration marqué.

La Marouette est plus petite que le râle d'eau ;
tout le fond de son plumage est d'un brun-olivâtre
tacheté et nuancé de blanchâtre. Elle paraît dans
la même saison que le râle d'eau ; elle se tient
sur les étangs marécageux ; elle se cache et niche
dans les roseaux. Son nid, en forme de gondole,
est composé de joncs qu'elle sait entrelacer, et pour
ainsi dire amarrer par un des bouts à une tige de
roseau, de manière que le petit berceau flottant
peut s'élever et s'abaisser avec l'eau sans en être
emporté. La ponte est de sept ou huit œufs ; les
petits, en naissant, courent, nagent, plongent, et
bientôt se séparent : chacun va vivre seul.

Les mœurs de la marouette sont les mêmes que celles du râle d'eau.

LA POULE D'EAU.

La Poule d'eau présente différents caractères communs au râle d'eau ; comme lui, elle vole les pieds pendants : elle a les pieds allongés comme le râle, mais garnis dans toute leur longueur d'un bord membraneux ; ainsi elle marque le passage des oiseaux dont les doigts sont nus et séparés, aux oiseaux palmipèdes, qui les ont garnis et joints par une membrane tendue de l'un à l'autre.

Les habitudes de la poule d'eau répondent à sa conformation. Elle va à l'eau plus que le râle, sans

FIGURE 39.

La Poule d'eau.

cependant y nager beaucoup, si ce n'est pour traverser d'un bord à l'autre. Cachée durant la plus grande partie du jour dans les roseaux ou

11

sous les racines des aunes, des saules et des osiers, ce n'est que le soir qu'on la voit se promener dans l'eau : elle fréquente moins les marécages et les marais que les rivières et les étangs. Son nid, posé tout au bord de l'eau, est construit de débris de roseaux et de joncs entrelacés. Dès que les petits sont éclos, ils courent comme ceux du râle et suivent de même leur mère qui les mène à l'eau ; ils ne souffrent aucunement de l'humidité, même dans leur plus tendre enfance. Le Créateur n'a-t-il pas accommodé l'organisation de chaque animal à tous ses besoins?

Les poules d'eau quittent en octobre les pays froids et les montagnes, et passent tout l'hiver dans nos provinces tempérées, où on les trouve près des sources et sur les eaux vives qui ne gèlent pas.

LE FLAMMANT.

Cet oiseau, le plus grand de tous ceux qui viennent nous visiter, arrive quelquefois sur les côtes méridionales de la France ; il paraît faire la nuance entre la grande tribu des oiseaux de rivage et celle non moins nombreuse des oiseaux navigateurs, desquels il se rapproche par ses pieds à demi palmés. Son plumage est en général doux, soyeux et lavé de teintes rouges plus ou moins vives et plus ou moins étendues ; les grandes plumes de l'aile sont constamment noires, et ce sont les couvertures grandes et petites, tant intérieures qu'extérieures, qui portent ce beau rouge de feu qui ont fait donner à cet oiseau le nom grec de Phénicoptère.

Le flammant vit de coquillages, d'œufs de poissons et d'insectes. Pour se saisir de sa nourriture, il appuie la partie plate de la mandibule supérieure sur la terre, et remue en même temps ses pieds afin de porter dans son bec, avec le limon, la proie que la dentelure de ce bec sert à y retenir. Toujours en troupes, ces oiseaux se forment en file pour pêcher, ils ont de même coutume de s'aligner et de se serrer les uns contre les autres quand ils vont se reposer sur la plage. Ils ont l'habitude d'établir des sentinelles pour la sûreté commune, et, soit qu'ils se reposent ou qu'ils pêchent, l'un d'eux est toujours en vedette, la tête haute ; si quelque chose l'alarme, il jette un cri qui s'entend de fort loin, et aussitôt la troupe part, en observant dans son vol un ordre semblable à celui des grues.

Toutes les espèces connues sont exotiques.

CHAPITRE VI.

LES PALMIPÈDES.

Il est impossible de confondre les oiseaux de cet ordre avec ceux des ordres précédents ; leurs membres postérieurs, en effet, sont complètement rejetés à l'arrière du corps , et se terminent par des doigts palmés. Leur plumage serré , lubréfié par une espèce de vernis , et garni près de la peau d'un duvet épais , les rend imperméables à l'eau sur laquelle ils vivent. La plupart cherchent leur nourriture au milieu de la vase. Les principaux oiseaux de cet ordre sont : le plongeon, le pingouin, le goëland , le cormoran , le canard , le cygne et l'oie.

LE PLONGEON.

Le Plongeon est presque de la taille de l'oie ; il ne prend son essor que sur l'eau : mais dans cet élément, ses mouvements sont aussi faciles et aussi légers que vifs et rapides. Il plonge à de très gran-

des profondeurs et nage entre deux eaux , à cent
pas de distance , sans reparaître pour respirer :
une provision d'air , renfermée dans la trachée-ar-
tère dilatée , fournit pendant ce temps à la respi-
ration de cet amphibie ailé qui semble moins ap-

FIGURE 40.

Le Plongeon.

partenir à la région de l'air qu'à celle des eaux. Il
en est de même des grèbes. Ces oiseaux parcou-

11.

rent l'onde librement et en tous sens ; ils y trouvent leur subsistance, leur abri, leur asile : si
l'oiseau de proie paraît en l'air, si un chasseur se
montre sur le rivage, ce n'est point au vol que le
plongeon confie sa fuite et son salut, il plonge, et,
caché sous l'eau, se dérobe à l'œil de tous ses
ennemis.

Cet oiseau habite les mers du nord.

LE MANCHOT ET LE PINGOUIN

Ces oiseaux ont, au lieu d'ailes, de petits ailerons que l'on dirait couverts d'écailles plutôt que
de plumes, et qui leur servent de nageoires. Leur
corps, uni et cylindrique, porte deux larges rames
plutôt que deux pieds.

Il est, dit Forster, entièrement couvert de plumes
oblongues, épaisses, dures et luisantes, placées aussi
près l'une de l'autre que les écailles des poissons ;
et c'est pour eux un inappréciable bienfait de la
Providence ; car cette cuirasse leur est nécessaire,
aussi bien que l'épaisseur de la graisse dont ils sont
enveloppés, pour les mettre en état de résister au
froid. On les trouve partout au milieu des glaces
australes, et en nombre d'autant plus grand que
la latitude est plus élevée ; ils sont, avec quelques
pétrels, les seuls habitants de ces plages, inacces-
sibles à toutes les autres espèces d'animaux.

Lorsque les glaces sur lesquelles ils sont posés viennent à flotter, ils voyagent avec elles, et sont trans-
portés à d'immenses distances de toutes les terres.
L'eau semble convenir parfaitement à leur naturel et

à leur structure. A terre, leur marche est lourde et lente; pour avancer et se soutenir sur leurs pieds courts et posés tout à l'arrière du ventre, il faut qu'ils se tiennent debout, leur gros corps redressé perpendiculairement, ainsi que le cou et la tête. Mais autant ils sont pesants et gauches à terre, autant ils sont vifs et prestes dans les eaux; ils plon-

FIGURE 41.

Le Manchot.

gent longtemps, et quand ils se remontrent, ils s'élancent en ligne droite à la surface de l'eau, avec une vitesse si prodigieuse qu'il est difficile de les tirer.

Quoique la ponte de ces oiseaux ne soit que de deux ou trois œufs au plus, cependant, comme ils ne sont jamais troublés sur les terres inhabitées où

ils se rassemblent, l'espèce ne laisse pas d'être
fort nombreuse. Pour nicher, ils se creusent des
trous ou des terriers, et choisissent à cet effet une
dune ou plage de sable ; le terrain en est partout
si criblé, que souvent en marchant on y enfonce
jusqu'aux genoux.

LES GOELANDS.

Ces oiseaux sont, pour ainsi dire, les vautours de
la mer ; ils la nettoient des cadavres de toute espèce
qui flottent à sa surface, ou qui sont rejetés sur les
rivages. Aussi lâches du reste que gourmands, ils
n'attaquent que les animaux faibles, et ne s'acharnent que sur les corps morts. Tout convient à leur
voracité : le poisson frais ou gâté, la chair san-
glante, récente ou corrompue, les écailles, les os
même ; tout se digère ou se consume dans leur estomac, et ils se précipitent avec tant de violence
sur leur proie, qu'ils avalent souvent l'amorce et
l'hameçon.

Les goëlands courent assez vite sur le rivage, et
volent encore mieux au-dessus des flots ; leurs ailes
longues qui, lorsqu'elles sont pliées, dépassent la
queue, et la quantité de plumes dont leur corps
est garni, les rendent très légers ; ils sont aussi
fournis d'un duvet fort épais. Ces oiseaux se tiennent en troupes sur les rivages de la mer ; souvent
on les voit couvrir de leur multitude les écueils et
les falaises, qu'ils font retentir de leurs cris im-
portuns et sur lesquels ils semblent fourmiller,
les uns prenant leur vol, les autres s'abattant pour
se reposer, et toujours en très grand nombre : en

général, il n'est pas d'oiseau plus commun sur les côtes, et l'on en rencontre en mer jusqu'à cent lieues de distance. Quand ils s'avancent dans l'intérieur des terres, c'est un signe infaillible de tempête.

L'HIRONDELLE DE MER.

Munies de longues ailes et d'une queue fourchue, les hirondelles de mer, par leur vol constant à la surface des eaux, représentent assez bien, sur la plaine liquide, les allures des hirondelles de terre dans nos campagnes et autour de nos habitations. Non moins agiles et aussi vagabondes, les hirondelles de mer rasent les eaux d'une aile rapide, et enlèvent en volant les petits poissons qui sont à la surface, comme nos hirondelles y saisissent les insectes. Ces rapports de mœurs, malgré les différences essentielles qui les séparent des vraies hirondelles, leur ont fait donner le nom qu'elles portent, et ce n'est pas sans raison ; il semble que la Providence n'ait confié ces oiseaux qu'à la puissance de leurs ailes. Ils en font le même usage que nos hirondelles, pour planer, cingler, plonger dans l'air en élevant, rabaissant, coupant, croisant leurs vols de mille et mille manières, suivant que le caprice, la gaîté, ou l'aspect de la proie fugitive, dirigent leurs mouvements. Ils ne la saisissent qu'au vol ou en se posant un instant sur l'eau sans la poursuivre à la nage ; ils résident ordinairement sur les rivages de la mer, et fréquentent aussi les lacs, les étangs et les grandes rivières. Ces hirondelles jettent de grands cris aigus et perçants comme les martinets, surtout lorsque, par un temps calme, elles s'élèvent en l'air à une grande hauteur, ou dans le temps des nichées, époque à laquelle elles sont plus inquiètes et plus bruyantes que jamais. Elles arrivent par troupes sur nos côtes de l'Océan, au commencement de mai; la plupart y demeurent et n'en quittent pas les bords, d'autres voyagent plus loin.

FIGURE 42.

L'Hirondelle de mer.

Ces oiseaux, aussi vifs que légers, sont des pêcheurs hardis et adroits. Ils se précipitent dans la mer sur le poisson qu'ils guettent, et, après avoir plongé, se relèvent, et souvent remontent en un instant à la hauteur d'où ils étaient descendus.

Ils s'apparient dès les premiers jours de leur arrivée au printemps; chaque femelle dépose dans un petit creux, sur le sable nu, deux ou trois œufs fort gros, eu égard à sa taille : le canton de sable qu'elles choisissent pour cela est toujours à l'abri du vent du nord, et au-dessous de quelque dune. Les petits éclosent couverts d'un duvet épais, gris-blanc, et semé de quelques taches noires sur la tête et le dos ; le père et la mère leur apportent de petits lambeaux de poisson, mais ils ne leur donnent pas longtemps à manger dans le bec ; ils laissent tomber, et font, pour ainsi dire, pleuvoir sur eux la nourriture, que les jeunes se disputent entre eux en jetant des cris. Dans le nord de la France, les hirondelles de mer quittent les côtes vers la fin du mois d'août.

LE CORMORAN.

Le cormoran est un assez grand oiseau, aussi bon plongeur que bon nageur ; cependant il reste moins dans l'eau que plusieurs autres oiseaux aquatiques dont la palme n'est ni aussi continue, ni aussi élargie que la sienne ; il prend fréquemment son essor et se perche sur les arbres.

Il est d'une telle adresse à pêcher, et d'une si grande voracité, que, quand il se jette sur un étang, il y fait seul plus de dégât qu'une troupe entière d'autres oiseaux pêcheurs ; heureusement il se tient presque toujours au bord de la mer, et il est rare de le trouver dans les contrées qui en sont éloignées. Comme il peut rester longtemps plongé, et qu'il nage sous l'eau avec la rapidité d'un trait, sa proie ne lui échappe guère, et il revient presque toujours sur l'eau avec un poisson en travers du bec ; pour l'avaler, il fait un singulier manége : il jette en l'air son poisson, et il a l'adresse de le recevoir la tête la première, de manière que les nageoires se couchent au passage du gosier, tandis que la peau membraneuse qui garnit le dessous du bec, prête et s'étend autant

FIGURE 43.

Le Cormoran.

qu'il est nécessaire pour laisser passer le corps
entier du poisson, qui souvent est fort gros en comparaison du cou de l'oiseau.

On conçoit qu'avec de telles ressources pour se
procurer sa proie, le cormoran aurait bientôt dé-
vasté l'étang le mieux peuplé, mais la faim seule
lui donne de l'activité; il devient paresseux et lourd
dès qu'il est rassasié. Ainsi se maintient cet admirable équilibre qui conserve le monde; la Providence n'a pas voulu que des races entières d'animaux fussent sacrifiées au maintien d'une seule
espèce; elle a limité les appétits en même temps
qu'elle a procuré les moyens d'y satisfaire.

Le cormoran est assez rare en France.

Le pélican a les mœurs et les habitudes du cormoran; comme lui, il vit au bord des marais et se

FIGURE 44.

Le Pélican.

nourrit de poissons; mais il est remarquable par la poche qu'il porte sous le bec, et dans laquelle il met sa proie en réserve.

LE CANARD.

L'espèce du canard est partagée en deux grandes tribus, dont l'une, depuis longtemps privée, se propage dans nos basses-cours, en y formant une des plus utiles et des plus nombreuses familles de nos volailles; et dont l'autre, sans doute, encore plus

étendue, nous fuit constamment, se tient sur les
eaux, ne fait, pour ainsi dire, que passer et repasser
en hiver dans nos contrées, et s'enfonce au printemps
dans les régions du nord, pour y nicher sur les
terres les plus éloignées de l'empire de l'homme.

C'est vers le 15 octobre que paraissent en France
les premiers canards. Leurs bandes, d'abord petites et peu fréquentes, sont suivies, en novembre,
par d'autres plus nombreuses; on reconnaît ces oiseaux dans leur vol élevé, aux lignes inclinées et
aux triangles réguliers que leur bande trace par
sa disposition dans l'air; et, lorsqu'ils sont tous
arrivés des régions du nord, on les voit continuel-
lement se porter d'un étang, d'une rivière à une
autre. C'est alors que les chasseurs en font de
grandes captures; mais ces chasses exigent beaucoup de prudence, car les canards sont très défiants. Jamais ils ne se posent qu'après avoir fait
plusieurs circonvolutions sur le lieu où ils vou-
draient s'abattre, comme pour l'examiner, le reconnaître, et s'assurer s'il ne recèle aucun ennemi;
et, lorsque enfin ils s'abaissent, c'est toujours avec
précaution; ils fléchissent leur vol, et se lancent
obliquement sur la surface de l'eau, qu'ils effleu-
rent et sillonnent; ensuite ils nagent au large et se
tiennent toujours éloignés des rivages; quelques-
uns d'entre eux veillent à la sûreté publique, et
donnent l'alarme dès qu'il y a péril, de sorte que
le chasseur se trouve souvent déçu, et les voit
partir avant qu'il ne soit à portée de les tirer;
cependant, lorsqu'il juge le coup possible, il ne
doit pas le précipiter, car le canard sauvage,
au départ, s'élevant verticalement, ne s'éloigne

pas dans la même proportion qu'un oiseau qui file droit, et on a tout autant de temps pour ajuster un canard qui part à soixante pas de distance, qu'une perdrix qui partirait à trente.

C'est le soir, à la chute du jour, ou de très grand matin, au bord des eaux sur lesquelles on les attire en y plaçant des canards domestiques, que le chasseur, gîté et bien caché, les attend et les tire

FIGURE 45.

Le Canard.

avec avantage; mais dans cette chasse, il faut que la passion du chasseur soutienne sa patience; immobile et souvent gelé à son poste, il s'expose à prendre plus de rhume que de gibier; mais ordinairement le plaisir l'emporte et l'espérance se renouvelle, car, le même soir où il a juré, en soufflant dans ses doigts, de ne plus retourner à l'affût, il fait des projets pour le lendemain.

Tant que la saison n'est pas très-rigoureuse,

les insectes aquatiques et les grenouilles qui ne sont pas encore fort enfoncées dans la vase, les graines de jonc, les lentilles d'eau, fournissent abondamment à la pâture des canards, mais lorsqu'il survient des gelées continues, ces oiseaux disparaissent pour ne revenir qu'aux dégels, dans le mois de février. C'est alors qu'on les voit repasser le soir par les vents du sud, mais ils sont en moindre nombre. L'instinct social paraît s'être affaibli à mesure que leur nombre s'est réduit ; l'attroupement même n'a presque plus lieu ; ils volent dispersés, fuient pendant la nuit, et on ne les trouve le jour que cachés dans les joncs ; ils ne s'arrêtent qu'autant que le vent contraire les force à séjourner ; ils semblent dès lors s'unir par couples, et se hâtent de gagner les contrées du nord où ils doivent nicher et demeurer pendant l'été.

Les allures des canards sauvages sont plus de nuit que de jour. Ils paissent, voyagent, arrivent et partent principalement le soir et même la nuit, et ils passent la plus grande partie du jour à se reposer ou à dormir. La nuit, le sifflement du vol décèle leur passage, et le battement de leurs ailes est plus bruyant qu'au moment où ils partent.

Pendant l'été ils couvrent pour ainsi dire tous les lacs et toutes les rivières de Sibérie et de Laponie, et se portent encore plus loin dans le nord jusqu'au Spitzberg et au Groënland. Néanmoins, il reste dans nos contrées tempérées plusieurs couples de canards sauvages, que quelques circonstances ont empêchés de suivre le gros de la troupe, et qui nichent dans nos marais. L'emplacement qu'ils choisissent à cet effet est ordinairement une touffe épaisse de joncs élevée et isolée au milieu du marais. La femelle pond de 15 à 18 œufs. Chaque fois qu'elle quitte son nid, elle enveloppe ses œufs dans le duvet qu'elle s'est arraché pour les tenir chaudement. Jamais elle ne s'y rend au vol, elle se pose cent pas plus loin, et, pour y arriver, elle marche avec défiance, en observant s'il n'y a point d'ennemis; mais, lorsqu'une fois elle est tapie sur ses œufs, l'approche même de l'homme ne les lui fait pas quitter.

L'incubation dure trente jours. Tous les petits naissent dans la même journée, et, dès le lendemain, la mère descend du nid et les appelle à l'eau. Timides et frileux, ils hésitent et même quelques uns se retirent; néanmoins le plus hardi s'élance après la mère, et bientôt les autres le suivent sans aucun danger; déjà la Providence leur a appris l'art indispensable pour eux de la natation. Une fois sortis du nid, ils n'y rentrent plus; le soir, la mère les rallie et les retire dans les roseaux, où elle les réchauffe sous ses ailes pendant la nuit; tout le jour, ils guettent à la surface de l'eau et sur les herbes, les moucherons et autres menus insectes qui font leur première nourriture : on les voit plonger, nager et faire mille évolutions sur l'eau avec autant de vitesse que de facilité.

A six semaines, le jeune canard, nommé *halle-brand*, a pris plus de la moitié de son accroissement; il est déjà emplumé sous le ventre et le long du dos, avant que les plumes des ailes ne commencent à paraître; ce n'est guère qu'à trois mois qu'il peut s'essayer à voler : aux approches de l'hiver, les hallebrands se réunissent en troupes, et ils partent au printemps suivant pour les régions du nord.

Le canard réduit en domesticité, est devenu par le double profit de sa plume et de sa chair, et par la facilité de son éducation, une des volailles les plus utiles et les plus répandues dans nos basses-cours.

L'OIE.

Les oies sauvages sont peut-être de tous les oiseaux les plus défiants et les plus farouches. Elles arrivent en France dès la fin d'octobre ou les premiers jours de novembre. L'hiver, qui commence alors à s'établir sur les terres du nord, détermine leur émigration ; et ce qui est assez remarquable, c'est que l'on voit dans le même temps les oies domestiques manifester, par leurs inquiétudes et par des vols fréquents et soutenus, ce désir de voyager, reste évident de l'instinct que leur avait donné à tous la Providence, et par lequel ces oiseaux, quoique depuis longtemps privés, tiennent encore à leur état de nature.

Le vol des oies sauvages est toujours très élevé ; le mouvement en est doux et ne s'annonce par aucun bruit ni sifflement ; l'aile, en frappant l'air, ne paraît pas se déplacer de plus d'un pouce ou deux de la ligne horizontale ; ce vol se fait avec ordre et semble avoir été tracé par un instinct géométrique. C'est à la fois l'arrangement le plus commode pour que chacun suive et garde son rang, en jouissant en même temps d'un vol libre et ouvert devant soi, et la disposition la plus favorable pour fendre l'air avec plus d'avantage et moins de fatigue pour la troupe entière, car les oies se rangent sur deux lignes obliques formant un angle, à peu près comme un V; ou, si la bande est petite, elle ne forme qu'une seule ligne; mais ordinairement chaque troupe est de quarante à cinquante, chacun y garde sa place avec une justesse admirable: le chef, qui est à la pointe de l'angle et qui fend l'air le premier, va se reposer au dernier rang quand il est fatigué, et tour à tour les autres prennent la première place.

FIGURE 46

L'Oie.

Plusieurs de ces petites troupes ou bandes secondaires se réunissent de nouveau, en forment de plus grandes, quelquefois au nombre de quatre à cinq cents, que nous voyons en hiver s'abattre dans nos champs, où ces oiseaux causent de

grands dommages en paissant les blés, qu'ils cherchent en grattant jusque dessous la neige. Heureusement les oies sont très vagabondes, restent
peu dans un endroit, et ne reviennent guère dans
le même canton. Elles passent tout le jour sur la
terre, dans les champs ou les prés ; mais, en général, elles se rendent tous les soirs sur les
eaux des rivières ou des plus grands étangs ; elles
y passent la nuit entière, et n'y arrivent qu'après
le coucher du soleil ; il en survient même après la
nuit close, et l'arrivée de chaque nouvelle bande
est célébrée par de grandes acclamations auxquelles
les arrivantes répondent, de façon que sur les huit
ou neuf heures, et dans la nuit la plus profonde,
elles font un si grand bruit et poussent des clameurs
si multipliées, qu'on les croirait assemblées par
milliers.

On pourrait dire que, dans cette saison, les oies
sauvages sont plutôt oiseaux de plaine qu'oiseaux
d'eau, puisqu'elles ne se rendent à l'eau que la
nuit, pour y chercher leur sûreté ; leurs habitudes sont bien différentes de celles des canards,
qui quittent les eaux à l'heure où s'y rendent
les oies, et qui ne vont pâturer dans les champs
que la nuit, ne reviennent à l'eau que quand les
oies s'en éloignent. Au reste, les oies sauvages, dans
leur retour au printemps, ne s'arrêtent guère sur
nos terres ; on n'en voit même qu'un petit nombre
dans les airs, et il y a apparence que ces oiseaux
voyageurs ont pour le départ et le retour deux
routes différentes.

Les oies sauvages ne restent en France tout l'hiver que quand la saison est douce, car dans les hi-

vers rudes, lorsque nos rivières et nos étangs se glacent, elles s'avancent plus au midi, d'où l'on en voit revenir quelques unes, qui repassent vers la fin de mars pour retourner au nord.

L'oie de nos basses-cours n'est autre que l'espèce sauvage réduite en domesticité : chacun connait sa vigilance célébrée par les anciens.

LE CYGNE.

Les grâces de la figure, la beauté de la forme répondent, dans le cygne, à la douceur du naturel. Il plaît à tous les yeux, il décore, embellit tous les lieux qu'il fréquente ; on l'aime, on l'applaudit, on l'admire ; nulle espèce ne le mérite mieux. La Providence, en effet, n'a répandu sur aucune, autant de ces grâces nobles et douces qui nous rappellent l'idée de ses plus charmants ouvrages : coupe de corps élégante, formes arrondies, gracieux contours, blancheur éclatante et pure, mouvements flexibles et sentis, attitudes tantôt animées, tantôt laissées dans un mol abandon, tout est réuni dans le cygne. À sa noble aisance, à la facilité, à la liberté de ses mouvements sur l'eau, on doit le reconnaître non seulement comme le premier des navigateurs ailés, mais comme le plus beau modèle que la nature nous ait offert pour l'art de la navigation. Son cou élevé et sa poitrine arrondie semblent, en effet, figurer la proue du navire fendant l'onde ; son large estomac en représente la carène ; son corps penché en avant pour cingler se redresse à l'arrière et se relève en poupe ; la queue est un vrai gouvernail ; ses pieds sont de larges rames, et ses grandes ailes demi-ouvertes au vent et doucement enflées, sont les voiles qui poussent le vaisseau vivant, navire et pilote à la fois.

Fier de sa noblesse, jaloux de sa beauté, le cygne semble faire parade de tous ses avantages ; il a l'air de chercher à recueillir des suffrages, à captiver

FIGURE 50.

Le Cygne.

les regards, et il les captive en effet, soit que voyageant en troupe, on voie de loin, au milieu des grandes eaux, cingler la flotte ailée : soit que, s'en détachant et s'approchant du rivage aux signaux qui l'appellent, il vienne se faire admirer de plus près, en étalant ses beautés et en développant ses grâces, par mille mouvements doux, ondulants et suaves.

Aux avantages de la nature, le cygne réunit ceux de la liberté ; il n'est pas du nombre de ces escla-

ves que nous puissions contraindre ou renfermer ;
libre sur nos eaux , il n'y séjourne , ne s'y établit
qu'en y jouissant d'assez d'indépendance pour ex-
clure tout sentiment de servitude et de captivité ;
il veut à son gré parcourir les eaux, débarquer au
rivage, s'éloigner au large ou venir longeant la rive,
s'abriter sous les bords, se cacher dans les joncs,
s'enfoncer dans les angles les plus écartés , puis,
quittant sa solitude, revenir à la société et jouir du
plaisir qu'il paraît prendre et goûter en s'approchant de l'homme, pourvu qu'il trouve en nous ses
hôtes et ses amis, et non ses maîtres et ses tyrans.

Le cygne, supérieur en tout à l'oie , qui ne vit
guère que d'herbages et de graines, sait se procurer
une nourriture plus délicate et moins commune ;
il nage sans cesse pour attraper du poisson ;
il prend mille attitudes différentes pour le succès
de sa pêche, et tire tout l'avantage possible de son
adresse et de sa grande force ; il sait éviter ses ennemis ou leur résister.

Les cygnes sauvages volent en grandes troupes ,
et, de même que les cygnes domestiques, marchent
et nagent attroupés ; leur instinct social est, en tout,
très fortement marqué.

La femelle couve pendant six semaines ; elle commence à pondre au mois de février ; elle met,
comme l'oie, un jour d'intervalle entre la ponte de
chaque œuf. Elle en produit de cinq à huit. Les petits naissent couverts d'un duvet gris ou jaunâtre
comme les oisons ; leurs plumes ne poussent que
plusieurs semaines après ; ce plumage change à la
première mue ; au mois de septembre ils prennent
beaucoup de plumes blanches ; mais ce n'est qu'à

dix-huit mois ou deux ans que ces oiseaux acquiè-
rent leur belle robe d'un blanc pur et sans tache.

Les jeunes cygnes suivent leur mère pendant le
premier été ; mais les mâles adultes les chassent
vers le mois de novembre : ces jeunes oiseaux, tous
exilés de leur famille, se rassemblent par la néces-
sité de leur sort commun ; ils se réunissent en
troupes, et ne se quittent plus que pour s'apparier
et former eux-mêmes de nouvelles familles.

Le cygne a les organes de la voix conformés
comme ceux des oiseaux les plus loquaces ; néanmoins il est assez silencieux, et la voix habituelle du cygne privé est plutôt sourde qu'éclatante ;
c'est une sorte de strideur, un accent de menace
et de colère. Mais il semble que le cygne sauvage a
mieux conservé ses prérogatives, et qu'avec le sentiment de la pleine liberté, il en a aussi les accents :
l'on distingue en effet dans ses cris, ou plutôt dans
les éclats de sa voix, une sorte de chant mesuré, mo-
dulé, des sons bruyants de clairon, mais dont les
tons aigus et peu diversifiés sont très éloignés de la
tendre mélodie et de la variété douce et brillante
du ramage des oiseaux chanteurs : le chant du cygne
à sa mort n'est qu'une fable touchante, imaginée
par les anciens pour peindre l'effort suprême et les
derniers élans d'un beau génie près de s'éteindre.
Mais sans prêter à cet oiseau un avantage qui lui
est refusé, il déploie du reste à nos yeux assez de
beauté et de grâce, pour exciter notre admiration
envers celui qui sait mettre tant de variété dans
les dons qu'il prodigue à ses créatures.

FIN.